SONY DESIGN

MAKING MODERN

图书在版编目（CIP）数据

索尼设计，塑造现代 /（英）迪耶·萨迪奇，（美）奇普·基德，（美）伊恩·卢纳著；白麦克译 .
— 杭州：浙江人民出版社，2017.6

ISBN 978-7-213-07903-0

Ⅰ . ①索… Ⅱ . ①迪… ②奇… ③伊… ④白… Ⅲ . ①电子产品 – 产品设计 Ⅳ . ① TN602

中国版本图书馆 CIP 数据核字（2017）第 013215 号

SONY DESIGN: MAKING THE MODERN WORLD

Copyright © 2015 by Sony Texts by Deyan Sudjic and Ian Luna

Originally published in English under the title Sony Design in 2015, Published by agreement with
Rizzoli International Publications, New York through the Chinese Connection Agency, a division of
The Yao Enterprises, LLC.

All rights reserved.

本书法律顾问：北京市盈科律师事务所 崔爽律师 张雅琴律师

索尼设计，塑造现代

[英] 迪耶·萨迪奇 [美] 奇普·基德 [美] 伊恩·卢纳 著 白麦克 译

出版发行：浙江人民出版社（杭州体育场路 347 号 邮编 310006）
　　　　　市场部电话：（0571）85061682 85176516
集团网址：浙江出版联合集团 http://www.zjcb.com
责任编辑：蔡玲平
责任校对：戴文英
印　　刷：北京雅昌艺术印刷有限公司
开　　本：720mm × 965mm 1/16　　　　　印　张：17.5
字　　数：100 千字　　　　　　　　　　　插　页：2
版　　次：2017 年 6 月第 1 版　　　　　　印　次：2017 年 11 月第 2 次印刷
书　　号：ISBN 978-7-213-07903-0
定　　价：259.00 元　　　　　　　　　　上架指导：设计

如发现印装质量问题，影响阅读，请与市场部联系调换。

索尼设计，塑造现代

[英]迪耶·萨迪奇　[美]奇普·基德　[美]伊恩·卢纳　著　　白麦克　译

浙江人民出版社
ZHEJIANG PEOPLE'S PUBLISHING HOUSE

从逆向工程的思路中诞生的 "Chorocco"（1976 年）。与一般唱片旋转唱针固定的做法不同，它的唱针在静止不动的唱片表面移动。Chorocco 是一个促销用的小巧的唱片播放器，内置扬声器。它首次出现在一个索尼内部创意比赛的展览上，用来激励所有员工突破传统思维。Chorocco 内部装有一个可以让它在唱片表面行驶的马达，底盘上有一个悬挂的框体，使唱针与唱片表面的凹槽保持接触。

B-16T3（1962 年）

使用 16 毫米磁性胶片的 B-16T3"Cinecorder"主要是在广播电影制作中用来记录和回放音频的。这款机型能够避免出现音频延迟的情况，因为它的录音带宽度和标准电影胶片一样，齿孔之间的距离也一致，可以让制作人员将影像和声音同步播放 *。

* 注：当时声音和影像分别记录在各自的带子上，放映时需要保持同步播放。

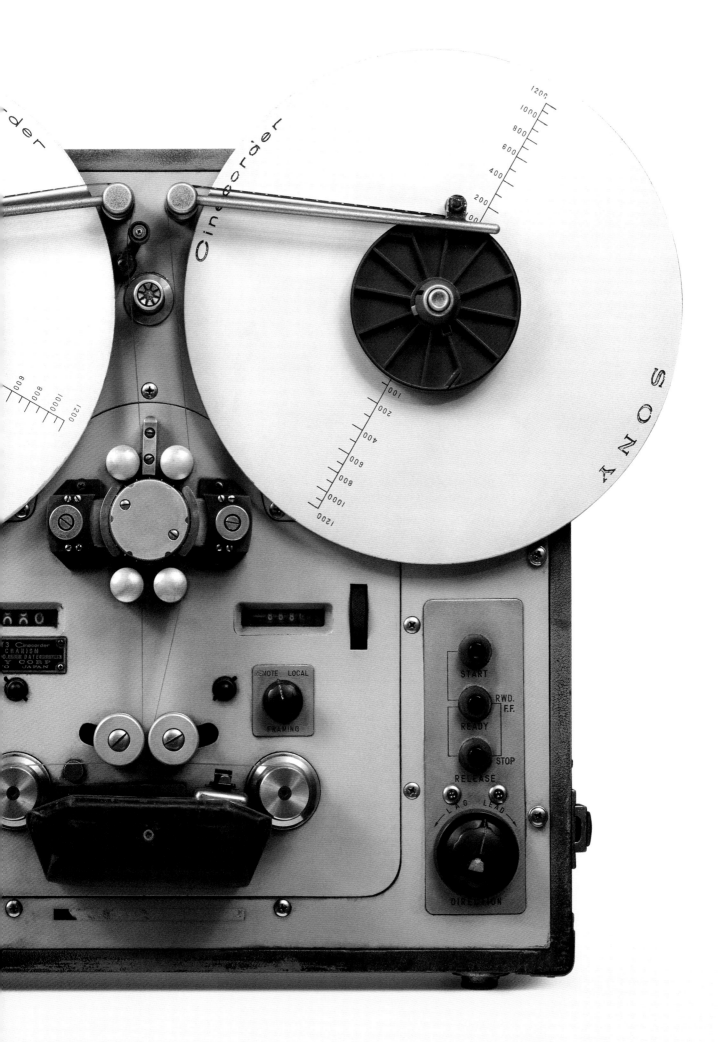

左：1961 年，索尼的联合创始人井深大（右）与盛田昭夫。
右：井深大与其在东京通信研究所的团队在 1946 年制作的电饭煲原型机。这款产品的开发在 P31—P39 的漫画中有详细描写。

左：位于东京品川区的索尼总部（1959 年）。

右：东京通信工业株式会社（东通工）成立 10 周年的全体员工合影（1956 年），东通工于 1958 年更名为索尼有限公司。

引言：索尼如何找到自己的声音

迪耶·萨迪奇

我依然记得第一次拿到索尼磁带播放机的那天。它有着一排钢琴琴键般的控制按键，一个拉丝铝的机身，在一个小小的玻璃窗下面还有一根闪烁着的红色指针，尽管我始终没有完全弄明白它的功能。那是在 1970 年，这台磁带播放机看上去就如同尖端技术的化身。当时飞利浦有一款功能大致相同的产品，却有着一副矮胖塑料盒子的模样。

曾经为了听音乐，人们需要将一堆蜡质单曲黑胶唱片放在每分钟 45 转的转盘唱机上依次播放。盒式磁带相对于盘式录音带来说虽然没有太大的飞跃，但它作为一个短暂的过渡产品使人们能便捷地获得源源不断的音乐，就如同现在的 Spotify 一样。之后出现的光盘让你可以用数字按钮直接播放你想要的歌曲，而不是用机械驱动的快进方式来猜测。

在 1981 年从美国返程的飞机上，我带着新买的索尼第二代随身听，按键上那红色与绿色的圆点标记和限量的橙色海绵耳机是如此的与众不同，以至于飞机上有人问我这是什么，是做什么用的。海绵原本的设计意图是表现耳机的轻盈感，但这同时也反映出一种被许多人称为日本所特有的设计感——对微型化的着迷和对每个细节完美品质的极致追求。

实际上与生产智能手机所需的创新水平相比，随身听只是一个既没有扬声器又没有录音功能的盒式磁带播放器，技术上的成就有限。真正的创新是在过去的几十年里，索尼以及其他人在完善录音磁带的过程中所做的工作。他们坚持不懈地调整磁带表面各种氧化亚铁涂层的精确配比：相较于数字技术，这更像是来自厨房的工作台。但尽管技术上十分单纯，随身听却引发了一场重大的社会变革。使用者在与物理世界保持接触的同时仍然可以沉浸到一个私人空间之中。无论是在火车上、办公桌旁，还是穿行于街道中，只要戴上一副耳机就意味着你虽身在此处，却心在他方。

随着新的媒介使个人音乐播放器变得去物质化，一系列无法预知的事情发生了，从 WM-2 搭配的轻盈款式耳机，到之后几近隐形的入耳式耳机，如今的耳机尺寸已经变得越来越夺人眼球。我们仍然渴望拥有物质财富。如果不再能用一台收音机或者相机来定义"我们是谁"，我们仍然可以用一副像头盔一样的耳机来抚慰自己。它已经成为一种象征，毫不掩饰地大声宣告着我们"心在他方"。

在闻名于世的东京电器街——秋叶原，每年都会涌现一批全新的日本制造的电器产品，它们在世界其他地方是前所未见的。当时有一款不用胶卷的相机，现在回想起来你会理解为什么当初索尼要将它命名为"马维卡"（Mavica），尽管这不是一个最有魅力名字，其中却隐藏了"磁力"（magnetic）和"影像"（vision）的含义。当时

马维卡拍的照片叫作"数字图像"（Digital Still）。那是世界上第一部真正的数码相机，由于当时索尼并没有涉足相机行业，它仅仅是将录音带中的专业技术从声音拓展到图像，从而进入图像回放领域。它利用软盘来储存图像。虽然这样做确实可行，但最终数码相机要取代胶片相机仍需要进一步的优化。比如需要思考，为什么你会想在电视上浏览自己的度假照片呢？其他人又为什么想看这些照片呢？

索尼还推出了笔记本电脑的早期雏形之一。"Typecorder"有着一个键盘般的外形，约一英寸的厚，还有一块只能显示一行字的液晶屏。用户从中可以看到自己键入的内容，并能一次几个句子地修改。这台机器将输入的内容存储在一个微型盒式磁带中，其容量相当于 100 页 A4 纸。如果要把文件打印出来就需要另一台设备——电动打字机。

在秋叶原，有可以阅读软盘中所存图书的平板显示器，有手掌大小的便携式摄像机，有卡片相机大小的便携式复印机，有能让人们相隔 1,000 多公里的距离进行协同办公的白板。而在这些之中最精巧、最有趣、最时尚的几乎总是索尼的产品。

秋叶原仍旧保留着不少科技爱好者的店铺，以及一些以机器人为特色的场所。不过现在这片区域已经充斥着咖啡厅、餐馆、器材商店和玩具店。电视的外形如今已经变得不那么重要了。自从不再使用显像管之后，电视就失去了决定性的形式。对超高清平板电视来说画质才是关键。工业设计师在屏幕边缘处理中的谨小慎微，远没有如何在房间里安放电视来得重要。如果平板电视只是简单地挂在墙上，下面拖着晃晃悠悠的电线显然不合适；如果将平板电视嵌入墙体，不但会影响大多数空间的建筑结构，在技术更新、产品迭代的时候更换新的电视也会非常麻烦；而如果把平板电视插到一个立在地面上的底座里，更会带来被绊倒的风险。技术将电视去物质化到"几乎消失"，却反倒自相矛盾地带来了更为突兀的效果。

包括音乐播放器、录音机、电话、传呼机、电子书、导航设备等在内，如今几乎每个电子产品类型都被集成到智能手机这个单一的、几乎无形的设备中。这种惊人的整合性清空了秋叶原的货架，改变了世界的工业经济，也让我们不得不思考实体消亡的可能性。

或许，在索尼从硬件转向唱片和电影业的时候就已经预见到这一点。20 世纪 80 年代索尼收购了一家好莱坞电影工作室和一家唱片公司，之后在 90 年代大举进军游戏领域，并开始生产越来越精密的娱乐机器人。在 21 世纪初，索尼与爱立信成立了合资公司，致力于生产移动电话以及自己的安卓平板设备和电话手表。索尼无疑是这个世界的重要参与者，但那个让美国学者写出《日本第一》这种书的时代已经一去不返了。今天，韩国和中国已经颠覆了整个制造业的格局。

20 世纪 60 年代，索尼以含蓄的银、黑配色塑造了独特的产品视觉特征。它有意识地避开那些木质的传统家具风格，当时席卷起居室的第一代电视机曾利用这种风格来避免被紧张的用户当作来自另一个宇宙的入侵者。

索尼不得不去应对那些由新的，不熟悉的电子设备所驱动的全新产品类型。当相机不再需要容纳一卷胶卷时，它应该是什么样子呢？对一张 CD 来说，多大容量才是合适的呢？应该从顶部加载还是从正面加载？不论好坏，往往正是这种敢为人先的创新精神成就了索尼。在制造业中成为第一可以让创新者收取溢价，但这也会让竞争对手得益于尾流效应，有时他们甚至能在经济性上做得更好。在日本，这指的就是索尼和松下电器（Matsushita）之间持续多年的竞争。松下电器比索尼早成立 27 年，旗下拥有 Panasonic 和 Technics 两大品牌，它所代表的一切都与索尼正好相反。

身处一个由像素构成，被触摸屏定义的世界，回望模拟时代不免让人感到一丝失落。整整一代人从未接触过相机底片，没有用过固定电话或是敲过一个打字机键，但他们却重新发现了黑胶唱片在声学以及之外的品质。新生代已经理解了宝丽来相机的魅力，尽管它早在他们出生之前就被制造出来了，宝丽来的胶卷如今也已经恢复生产。汤姆·汉克斯将在打字机上敲字的回忆凝结成一个应用程序，将模拟的品质注入到那曾被称为"字处理"的工作中。

40 年来，尽管包括磁带、CD、MD 在内的每一种音乐存储介质都以相较之前音质更佳的形象出现，一种黑胶唱片事实上优于所有后来者的共识却正在形成。这并不是一个被索尼管理层所认同的观点。作为公司前董事长和索尼历史上（尤其是在其设计方法的形成过程中）的关键人物，大贺典雄曾经提出，任何一个不能立刻听出数字录音音质优越性的人都没有资格听音乐。

虽然现在很多人会不同意他的观点，但大贺这样说自然有他的原由。他是一名杰出的音乐家，一个睿智的人，与和他同时代的很多伟大的古典音乐家和指挥家保持着密切联系。他无法容忍在索尼的电视机箱上使用木材，因为那样就会与"传统神龛一样的竞争品"没有区别。

索尼公司创始人井深大和盛田昭夫以及他们所招募的一群杰出人才有着非凡的领导力，这使得索尼从众多竞争对手中脱颖而出。你可以从公司历年的产品中解读出他们的个性，在东京办公室的索尼博物馆里，那些按时间顺序展示的产品对此有着清晰的反映：严谨的技术创新伴随着游戏心，对品质和性能的执着追求，以及对新兴技术创作潜能的着迷。在这里，你可以看到生产于 1960 年的第一台晶体管电视机，还有于 1982 年上市的第一张 CD。在年代表稍后的位置上有一辆亮蓝色塑料车身，电池驱动的大众牌厢式宿营车迷你模型，它内置小小的扬声器，轮子之间悬挂着唱针。它无需唱盘、唱臂或者喇叭，只要让它在黑胶唱片上开动起来就可以自己搞定所有的音乐播放工作。作为一款只在日本市场出售的促销品，它有着可爱的个性，或许还掺杂着某种大贺对脆弱的黑胶唱片所开的私人玩笑。这里还展示着广播级标准的麦克风，以及"my first Sony"（我的第一台索尼）系列产品，强调着针对儿童市场和吸引年轻消费者的意图。

或许索尼最让人印象深刻的是它在同一时期内带给市场的十足的多样性。以 1987 年前后为例，索尼用 Profeel Pro 重新定义了电视的外观。它简洁到只是一台显示器，屏幕被一个一边开口的颇有质感的立方体包裹，机身注塑成型并被喷涂成黑色，它的背面设计和正面一样经过仔细推敲；索尼同期推出了它的 Sports 运动子品牌，以带有黑色细节的亮黄色塑料外壳为标志，包括运动随身听和运动数码摄像机，两者的黄色主题意味着防泼溅功能而非用于深潜；此外，索尼还推出一款带杜比声音处理功能的随身听，内置太阳能面板、可充电电池和 AM/FM 收音功能；同年发售的新品还有 Watchman，这是一款有着早期大哥大般砖块大小的手持电视，配备一块 5 厘米大小的屏幕；这也是 Discman 上市的一年，一款只比光盘大一点的 CD 播放器。

这是一个与苹果截然不同的商业模式，而三星也曾经尝试过类似的路线。

初创时期的索尼叫作"东京通信工业株式会社"，在很多人仍饱受饥饿困扰的城市废墟里，以收集战后剩余设备中的物资为基础创建。它标志着一个成熟的新日本的出现，运用顶尖技术和原创性的创新产品参与国际竞争，而不是欧洲或北美产品的廉价拷贝。

索尼的历史和现代设计的发展史有着密不可分的联系。从它的第一款大型磁带录音机到 PlayStation 电子游戏机，索尼通过一系列产品定义了批量生产的技术消费品的进化历程。它的产品外观设计源自早期的日本现代主义，但同时也探索了美国的炫耀性消费（conspicuous consumption）的美学。

索尼曾经是模拟世界向数字世界转变的主要推动者。在数字融合大潮真正开始前，它对塑造那些曾经是模拟产品的早期数字产品产生了巨大影响。索尼的黄金时代同时也是物质的黄金时代，是定义了那个时期的国际工业文明的顶峰，是研发、生产和设计独一无二的结合。这些从后模拟时代的视角来看是无比清晰的。索尼已经成为现代世界的同义词。

意大利著名设计师埃托·索特萨斯（Ettore Sottsass）在《索尼设计 1950—1992》（Sony Design 1950—1992）一书中曾用这样的文字描述索尼设计的特质：

在想象现代日本的时候，记忆中总能浮现出无数的索尼产品。它们简洁、精炼、紧凑、中性、黑色，没有对传统文化的参考，毫无怀旧色彩。索尼用它们淹没了全球各大洲的市场，出现在各种场所、家庭、摩天大楼、房间，甚至是那些最隐秘、最不为人所知的地方。

无从选择地，索尼设计在构思产品时总是源自同样的工业生产过程，源自制造的必然逻辑，或者更确切地说，源自先进技术的逻辑。它看上去就像是一条奔涌的技术发展之河，触发、推进和决定了索尼的设计。那是一条流速如此之快、如此汹涌的河流，以至于除了自身的激烈气势之外，无暇顾及其他任何事情。没有回忆或是怀旧的空间，没有回头和环顾的时间，只有一往无前。

索尼设计有着一种务实、中性的质感。它最终根植于这样一种理念：一款产品的终极使命是"实用"。不是机能的而是实际的，一个包含道德假设的理念；不是机能的而是"有用"的，一个完全不涉及道德假设的理念，只是对所谓现代文明的基本条件所强加的可能性和局限性的片面接受。正如我已经说过的，那是一个无法看清未来，或许到头来连现在也看不清的现代文明。

从这个意义上讲，索尼设计作为一个明确、简洁和彻底的符号，象征着将工业化的现状视为终极现代；象征着以一种它自己假设的、绝对的新文化去"设计"未来；象征着一种最终来说孤独的文化；象征着一种不需要你接受或拒绝的文化，因为它就只是这样存在着，仅此而已。

在这一点上，索尼设计的诉求很少，同时也很少倾听周围世界的声音。女性在谈论什么？工人在谈论什么？飞行员在谈论什么？商人在谈论什么？势利之人在谈论什么？禅师在谈论什么？意大利人、法国人、美国人都在谈论什么？……索尼的产品看上去就像从天而降，来自云层后面那奇怪的、神秘的天空。云层背后隐藏着巨大的冒着烟的工厂，还有同样巨大却像仓库一样扁平的工厂，那里有成千上万的工程师、技师、科学家、知识分子、女性纤细的双手、警觉的双眼、显微镜、变压器……我不确定。

每一个人都以不可动摇的逻辑相连接，以一种绝对的、原则性的强度和一种紧凑的、有条不紊的力度，拒绝任何干扰。索尼的设计正来源于此。它自云层后面从天而降，在云层背后，索尼设计获得了它象征性的形式、它的意义和力量，一种全新的、不同寻常的、非凡的文化力量。因此，它不仅在日本设计史上，同时也在漫长的世界设计史上占有了一席之地。

井深大几乎是在第二次世界大战刚结束的时候创立了东京通信研究所。盛田昭夫在 1946 年加入并和井深大共同创立东京通信工业株式会社，简称 TTK，公司之后更名为 Sony。

那时，距东京夜空满是美军轰炸机的日子仅仅过去了一年多。在那次被称作"会议室行动"（Operation Meetinghouse）的空袭中，大约 300 架 B29 轰炸机从 2,400 公里之外的关岛美军基地分批地横跨太平洋飞来，每一架轰炸机都装载了 9,000 多公斤的燃烧弹。1945 年的东京已经是一座拥有 700 万人口并在不断扩张的城市。大多数建筑都是由木材和纸张建造而成的，小型工厂和车间遍布每个居民区。第一架轰炸机投下炸弹后掉头返航，汽油弹在地面上留下一个巨大的十字燃烧区。跟在后面的轰炸机连续数波均以此为标记疯狂轰炸。据美军估计，当晚轰炸所造成的死亡人数达到惊人的 88,000，来自其他渠道的数字甚至更高。一个难以想象的 103 平方公里城市区域化为灰烬。轰炸一晚接着一晚，仅 1945 年 5 月就有 500 次空袭。最终当日本投降时，一半的东京已经从地图上消失，大多数民众沦为难民。

当时 36 岁的井深大和 23 岁的盛田在一个设计热追踪导弹的军方研究小组中相遇。井深大是一个人脉极广的民间承包商，从 1940 年起就开始为日本帝国海军生产和供应武器系统。他的岳父成为战后第一届政府的教育部长。盛田拥有大阪帝国大学的物理专业学位，并被授予日本帝国海军的中尉军衔，在 1944 年被分配到海军下属的研究部门。作为一名酿酒世家的第 15 代传人，盛田有着尊贵的身份和富裕的家庭背景。他的一位叔叔曾作为一名艺术生在巴黎游学 4 年。他的家里有自己的网球场，客厅里摆着电唱机和大量拉威尔、莫扎特和巴赫的唱片。

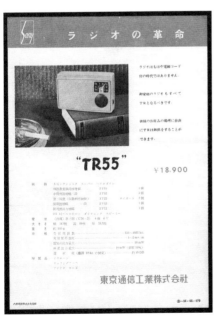

左：日本第一台晶体管收音机 TR-55 的宣传册。重 560 克，装有 5 枚晶体管并由 4 节五号电池驱动。采用晶体管而非真空管使它的体积较之前的收音机大为缩小。

中：位于东京银座的 Sony Building，由芦原义信设计，于 1966 年开业。

右：1962 年索尼位于纽约的第一个展厅在第五大道开业。

当第二次世界大战结束时，井深大为了谋生成立了研究所。成立之初的研究所位于日本桥区的白木屋百货（Shirokiya）——那是属于一位朋友的被烧毁的百货商店。建筑的混凝土结构因不易烧燃而幸存了下来，但也仅此而已。井深大在三楼原为电话总机室的房间开始工作，之后他又盘下七楼的空间，那也是仅剩的可以使用的空间。

按照日本人的思维习惯，井深大认为他对那些在战乱之时为他工作的人负有责任。他必须用自己仅剩的资金帮助员工在有如电影《疯狂的麦克斯》（Mad Max）般的城市环境中生存。那些年轻的物理系毕业生和经验丰富的工匠四处搜寻金属残片和废弃的摩托车弹簧，然后将它们做成螺丝刀。他们通过改造本地无线收音机赚了点小钱。在战时军方禁止把这些设备从本方电台调至盟军电台，然而只需一支电烙铁就能让禁用的短波线圈恢复工作。

在1946年，当填饱肚子都难以得到保证时，制造任何东西都是一种成就，即便它们看上去十分粗糙，仅仅堪用。早期的TTK有着为求生存而尝试任何东西的准备，他们甚至想在车间旁的废墟上铺设迷你高尔夫球场。虽然这个想法最后没有实现，但TTK确实造出了一款简单的电饭煲——一个内置裸露铝制线路的木桶，最终它也没能成为足够成熟的产品用于销售。现在这个木桶被保存在索尼公司的储藏室里。当时他们还有一款没有恒温器的电热毯，也没能取得更大的成功。

井深大看得比眼前的生存问题要远得多，他给为数不多的员工写下了这样的愿景：

充分发挥勤勉认真的技术人员的技能，建立一个自由豁达，轻松愉快的理想工厂；

通过积极的技术和生产活动重建日本和重振文化；

摒弃任何不正当的追逐利润的行为，持续重视内容充实的有实质意义的活动，不为了扩张而扩张；

尽力精心挑选产品线，迎接技术上的挑战，不管需求的数量多少，只关注那些对社会有最大作用的，技术最尖端的产品；

要避免对电子，机械等形式上的分类，而是结合这两个领域创造我们自己独特的，让竞争者无法超越的产品；

要严格挑选员工，公司应该只由必要的员工组成，尽力避免形式上的等级结构，而是以能力和人格为导向来组织，这样每个个体才能最大程度的发挥自己的技术和才干。

团队很快就租下一个车间并搬出了百货公司。给他们带来最多利润的产品线是一个真空管电压表。他们用现金从秋叶原街头的黑市商贩那里购买真空管。那里的摊位上高高摞着可供随意选择的军用物资。

井深大凭借与电信部的关系得到一个设备供应的合同。他和盛田希望他们在战时的研究成果——一款军用飞行员电报系统，能为在和

平时期有价值的产品提供基础。从表面上看，很难想象这家公司将在半个世纪后成为世界最具创新性的综合消费电子产品生产商。从磁带播放器到电视机，从笔记本电脑到手机，继而进军各种娱乐产业。

井深大和盛田对真空管电压表的物理原理十分了解，不过当时的日本一片废墟，即便在那令人绝望的环境中产生了某种需求，他们对民用产品的制造也没有任何经验。但这是日本历史上的一个特殊时期，在基于防御和征服的专制体制被盟军的胜利摧毁后，被称为"灰烬废墟中的一代"的有天赋的日本人获得了在文化、商业和技术等各个领域实践和创新的自由。

战前的日本经济被少数为军方工作的大型工业企业垄断。战后的体制为之前没有任何机会参与竞争、野心勃勃的新来者提供了空间。本田宗一郎在1958年创立了本田株式会社，之后成为世界上最大的汽车制造商之一。他设计了本田小狼（Honda Cub），这款汽油发动机被作为一个套件销售，能把一辆自行车变成轻型摩托车。它有着令人印象深刻的亮红色漆面，技术精巧，采用巧妙的直邮销售方式，还为目标客户提供他们能够承受的分期付款计划。作为有朝一日和本田一样有着巨大影响力的东京通信工业，这些策略同样反映在他们自己的经营手法中。井深大宣称：

我们决定和那些大型公司走不同的路。因为我们无法通过和他们做一样的事来打败他们；行业中还有很多空白需要填补，我们将去做那些大公司做不了的事，并运用我们的技术为重建国家提供助力。虽然没有资金、设施和装备，但我们会运用自己的知识和技术来弥补。我们可以做任何自己想做的事，并希望能用自己的知识和技术去做别人没有做过的事。

东京通信工业第一款真正意义上的产品是一件无心插柳的科研设备，针对的用户不是普通消费者，而是广播电台、学校和法庭等机构。当时美国占领军有一种用磁带存储声音的录音设备，比早期的钢丝录音机的音质好很多。井深大的技术人员做出了他们自己的版本。音质方面的提升使它可以在音乐学校中使用。他们说服教育部长为日本的学校采购这款产品用作教学辅助设备。他们还向法院展示如何用这款设备来记录审判过程。作为一个早期案例，这体现了索尼不仅有开发新技术的能力，而且也知道为这些技术创造市场和寻找客户的方法。

当盛田取得美国西部电气公司晶体管专利授权的时候，美方曾建议用它来生产助听器。但井深大和盛田决定要走得更远，去开发一款可以用来制作收音机的基础晶体管，将以静态阀驱动的收音机变为便携式产品。

盛田知道外观对收音机的成败至关重要。20世纪最著名的美国工业设计师雷蒙德·洛伊（Raymond Loewy）为日本香烟品牌"Peace"重塑形象所收取的费用吸引了盛田的注意。在早期盛田和井深大由于意识到需要整理工程师所创造的东西而引入了设计师。为追求细节他不惜代价寻找最有才华的设计者。柳宗理（Sori Yanagi）在1951年设计了H-type磁带录音机，为索尼整理拨盘和旋钮的布局。他最著名的家具设计是蝴蝶凳（butterfly stool），其父柳宗悦（Yanagi

Sōetsu）是民艺运动的开创者，提倡日常物品中日本传统手工艺所具有的那种谦逊而洗练的简洁性。

随着 TTK 扩大自己的产品线，井深大向产业工艺实验所（IAI）的负责人剑持勇（Isamu Kenmochi）求助希望寻找一位设计顾问。IAI 是现在的日本经济产业省产业技术综合研究所下属的一个机构。IAI 的知久笃（Atsushi Chiku）在后来设计了 TC-501、551 和301 磁带录音机。

但是为了晶体管收音机的发布，井深大和盛田意识到必须在设计上有更实质性的投入。他们决定招募一个内部的设计团队，让设计师与工程师、科学家一同工作。他们请知久推荐一些有潜力的学生。

山本孝造（Kozo Yamamoto）就是其中之一，从设计 TR-52 收音机开始，他的目标就是设计出世界第一台晶体管收音机，不过却被美国品牌 Regency 以微弱的优势抢先。山本回忆道：

他们领先于索尼的原因是在原材料的充裕程度和铸模成型技术上的差异。索尼的项目几乎可以肯定是比他们更早开始的。我们的双色外壳让它看上去十分经典。然而一系列问题出现了，两种不同膨胀系数的金属的结合，加上不成熟的铸模成型技术导致了面板格栅的剥落，这造成了整个流程的延迟。

最终 TR-52 的发布被取消，盛田带着一台原型机到美国试图为它寻找一个买家。一家手表公司提出要采购 100,000 台的巨额订单，但前提是要冠以他们自己的品牌投放市场。盛田坚信公司发展的唯一途径是把它作为一个品牌，于是拒绝了这个提议。盛田意识到如果公司想要开拓日本之外的市场就不可能再继续叫作 TTK，即便是拼出公司的全名也不合适。两位创始人创造了一个结合了拉丁语中代表声音的"Sonus"与小男孩（Sonny Boy）中的"Sonny"的新词，他们相信它在西方人耳中会十分讨人喜爱。这个名字原本是想体现出一家日益成熟的公司，但第一版的 Logo 看上去就像索尼生产的第一代便携式收音机那样稚气未脱，中间如同闪电一般的"S"仿佛象征着晶体管。

图形标识几经周折才演变出成熟的形式。在战后的几年，像《生活》（Life）那样光鲜的美国杂志里的广告页和内容页充斥着华丽的版式，激发着日本平面设计师的灵感。第一版手绘线条的索尼 Logo 就源自那些杂志副标题中使用的夸张笔触。

索尼的美国市场团队成立后，他们在纽约的广告活动中为印刷物设计了不同版本的 Logo。它基于一种克拉伦登字体（Clarendon）并在广告中使用了一段时间。1961 年索尼在大贺典雄的带领下第一次成立了设计部，他们基于一种修改过的克拉伦登字体创作出一个手绘的、扁矩形的、字母全部大写的 Logo，并从 1962 年开始投入使用。

至关重要的是，大贺强化了设计在索尼管理结构中的地位。他是一名受过专业训练的音乐家并曾在柏林音乐学院学习。他指出索尼早期磁带录音机的缺陷第一次引起了盛田的注意。经过长达几年的沟通和努力，大贺在 1959 年终于被说服加入索尼并管理磁带录音机业务。

两年之后，盛田提升了大贺的职位，让他负责新成立的设计部，统管产品规划、工业设计和广告。

在乔纳森·内森（Jonathan Nathan）的书《索尼的私人生活》（The Private Life of Sony）中大贺说道：

在我刚到索尼的时候，它根本不是一个多么现代的公司。多年来我向盛田反复强调，我们需要做的是创造精巧、时尚和国际化的产品。那也是我承诺去做的。令人惊讶的是盛田竟然同意让当时如此年轻的我去做这件事。

在大贺的领导下，20 世纪 50 年代的那些不置可否的粉彩色塑料感消失了，取而代之的是大量的黑色和银色，以及与之呼应的按键处理和图形设计。

我向盛田先生建议，我们的设计风格应该具有一致性，应该把所有设计师集中到一个地方。公司有个不成文的规定：一旦某个建议被采纳，提出这个建议的人就要承担起这个任务。所以，这很自然地就成了我的任务。我把所有的内部设计师都聚集到一起成立了一个新部门，命名为"设计室"（Design Office）。

我的理念是，如果一个产品上面有着"SONY"的标志，那么它就必须有一种整体的设计哲学来保持其设计的一致性，无论它属于哪个品类。同时，我对线条很感兴趣，所以我要求索尼的产品要有统一的线条美。简单来说设计是线的集合，有的是直线，有的是曲线。当线条运动起来就形成了面。然而控制线条的品质和细节是最重要的。快速画出的线条短促，慢慢画出的线条舒缓。我相信，我们必须做到只用一根线条就能让他人立刻识别出这是索尼的产品。

当我被问到要如何达到这种一致性的时候，我坦言，既然我是设计部的领导，当然会由我来做决策。如果没有某个人来担负起这项责任，那么设计将可以是任何一种样子。从那时起我个人决定了所有的设计方向。为了寻找新的方向，我们几乎总是持续地举行内部设计竞赛。每年在设计室我们都会对最重要的产品发起多项竞赛，任何参与者都可以投票。此外，我会告诉他们我想要什么样的设计，这也是设计最终选定的判断标准。竞赛让那些具有创新性的、我们从未想过的方案脱颖而出。通常我们会抓住这些不错的想法来作为下一年的新方向。有时这些想法也会因为不符合我们的品味而被放弃，转而选择另一个方向。如果你不这么做，线条的灵感就会消失。

就个人而言，我不喜欢有太多颜色的东西，我认为黑色和银色就足以衬托出产品的美和风格。你可以称之为上镜，但基本上我认为如果方法得当，美就可以只通过黑色和银色来表现。从根本上说，这是我们的企业形象，索尼秉持这种自负至关重要。对创建于战后的索尼而言，它正处在一个突破中小型企业阶段的临界点。我们一直在谈论设计对创建索尼的产品形象和品牌形象是如何至关重要，而黑色和银色正是打造这一形象的核心。

从 50 年代后期到 60 年代初期，富于创意的日本年轻人开始在电影、时尚、建筑和设计领域崭露头角。索尼为定义 "什么是日本的当代设计" 所发挥的作用不可小觑。第二次世界大战之前，日本的设计先锋把他们在欧洲看到的东西忠实地复制过来。如今，他们开始创造日本独特的当代文化。日本著名建筑师丹下健三（Kenzō Tange）曾经师从 "功能主义之父" 的建筑大师勒·柯布西耶（Le Corbusier）的一位前助手，他设计了战后的东京市政厅。虽然比 20 世纪 90 年代为替代它而建造的新宿市政厅要小得多，但却更有创意。到了 1964 年东京奥运会的时候，丹下健三已经找到了属于自己的建筑语言。

日本著名服装设计师三宅一生（Issey Miyake）为了体验第一手的时装远赴巴黎学习，回国之后却发展出完全不同的东西。后来他为索尼设计了公司制服。那是一件防撕裂尼龙面料制成的米色外套，有着红色的滚边，袖子可以在潮湿的夏天拆下来。那个时期最杰出的日本设计师仓俣史朗（Shiro Kuramata）正在发展其对工业设计的兴趣，这在他的作品中能找到很多先例。比这更早之前，曾在战前为沃尔特·格罗皮厄斯（Walter Gropius）效力的近代著名建筑大师山口文象（Bunzo Yamaguchi）正在设计家具。基于包豪斯的设计理念，私立的桑泽设计研究所（Kuwasawa Design Institute）于 1954 年成立了，仓俣史朗成为其中的一名学生。

到 1960 年，日本在米兰设计三年展上已经有了自己的展位。历史上第一次，日本作为技术和风格的原创者而非他人的效仿者建立起自己的声誉。井深大和盛田被一种强烈的竞争冲动驱使着，不放过任何可能成为世界第一的机会。他们的晶体管收音机算是一个，虽然电视机当时还处于发展初期，但索尼已经开始考虑向彩色电视机进军了。

20 世纪 60 年代消费类电子产品设计版图的一端是德国乌尔姆造型大学影响下的博朗，由马克斯·比尔（Max Bill）的学生汉斯·古杰洛特（Hans Gugelot）和他的助手迪特尔·拉姆斯（Dieter Rams）主导；另一端是意大利华丽的布莱维加公司，由马尔科·扎努西（Marco Zanuss）和阿切勒·卡斯蒂格利奥（Achille Castiglioni）主管。尽管严格来说 IBM 和奥利维蒂并不是消费类电子产品生产商，但埃利奥特·诺伊斯（Eliot Noyes）为 IBM 设计的打字机，还有马塞洛·尼佐利（Marcello Nizzoli），埃托·索特萨斯和马里奥·贝里尼（Mario Bellini）设计的计算器和打字机都是工业设计师参考的国际性标杆。在丹麦，雅各布·詹森（Jacob Jensen）为世界顶级视听品牌的 B&O 塑造了强有力的企业形象。

索尼虽是这个版图的后来者，但却逐渐成为主导力量。它很快成长为一个比 B&O、布莱维加和博朗加起来还要庞大得多的公司。不像那些欧洲公司由于要缩小规模而越来越依赖进口零部件和分包商，索尼能够自己进行研发和生产关键零部件。这成就了一条不断产生新技术的流水线，使一连串全新的产品类型得以出现。便携式电视机之后是 Walkman 随身听、Handycam 便携式摄像机和 PlayStation 游戏机。索尼的基础研究也让公司成为研发 CD 和录像带格式的先驱。

索尼的工程师在早期面临一系列物质上的挑战。一张 CD 应该播放多长时间？木材还是体现品质的象征吗？如何通过一个平面屏幕来使阴极射线管电视的视觉体量最小化？通过在转盘唱机上放置一个有机玻璃罩，迪特尔·拉姆斯创建了组合音响系统的样式。运用相同手法，索尼利用在阴极射线管前安装一块透明玻璃屏幕，创造了一个被竞相模仿的平面屏幕的电视外观。

本质上，索尼所面临的核心挑战是如何让它的产品外观匹配其高端的定价。这也是始终纠缠从奥利维蒂到苹果等索尼同行的问题。为了捕捉产品制造中的本质，"共鸣"（resonance）作为一个新的关键词被提了出来，用大贺的原话说：目标是让产品能够 "触动心弦"（tugged the heart strings）。

围绕产品构建令人记忆深刻的故事是索尼的传统。关于 CD 容量这个问题，至少对大贺来说不能再简单了。这是来自索尼与它的技术合作伙伴——飞利浦的一段对话。大贺要求一张 CD 能够容纳完整长度的赫伯特·冯·卡拉扬（Herbert von Karajan）指挥版贝多芬第九交响曲。

飞利浦想把 CD 的播放时长定为 60 分钟，但我告诉他们这个长度背后没有任何逻辑。我说："你们的人都是技术人员，所以你们才会考虑 60 分钟或者 120 分钟，但这背后没有任何理由，真正重要的是这个长度是不是足以容纳一首乐曲，不会被突兀地中途截断。你没办法在 60 分钟的长度里容纳贝多芬第九交响曲，世界上最好的歌剧也是一样。"我列了一张世界顶尖歌剧所需时长的清单，最终说服他们 74 分钟才是新媒介理想的时长。

推出其他产品时的背景同样引人入胜。索尼发现新产品需要通过讲故事的方式来吸引注意力，没有什么比随身听更能体现这一点了，盛田本人在这个传奇中扮演了重要角色。他提出年轻人喜欢随身携带音乐，他们在公园和地铁里拖着旅行箱大小的立体声音响。

TC-D5 磁带录音机起初是为办公室开发的，盛田发现井深大在长程航班上用它和一副耳机听音乐。于是他让工程师在一种新机型中使用相同的播放技术。机型必须小到可以四处携带，还要便宜得让年轻人能够承受。在给女儿展示了原型机后，他特别要求有两个耳机插口和一个静音按键，这样两个用户既能分享音乐又能相互说话。（这是一个半官方的版本，盛田在自己的书中提到，是他的夫人而非女儿提出了两个耳机插口的想法。因为在此之前，她曾经抱怨自己被忽略了。）

内森的书指出，盛田在摄像机上也有着几乎一样深刻的影响。盛田曾经带着数码摄像机的原型机回家，并在几天后找来它的设计师，询问他有没有试着用过它，设计师回答 "有"，盛田又问有没有试过带着它去滑雪，回答 "没有"，因为这是一款尚未发布的产品，为了避免被竞争对手看到，是不允许带到公司以外的。盛田带着摄像机去滑了雪，随后他指出：戴着滑雪手套完全无法操控机器上的按键。

如果说与同时代欧美公司相比，索尼高层在故事里扮演着更为重要的角色的话，那么索尼的设计工作室就更讲究协同作战。不同于埃托·索特萨斯和马里奥·贝里尼在奥利维蒂所做的，以及迪特尔·拉姆斯在博朗所做的，他们个人并不会在设计的产品上署名。这反映了一种不同的企业文化和一个或许并不那么强调个体自我表现的社会。

把索尼与竞争对手区别开的或许是一种更为人所知的手法，那就是在消费产品上使用专业设备的视觉语言以增加一种权威性和品质感。

索尼还通过收购实现快速成长。1975 年德国音响设备制造商维嘉无线电（WEGA Radio）被索尼收购的时候带来了美国专业创意设计公司——青蛙设计（Frog Design）的创始人哈特穆特·艾斯林格（Hartmut Esslinger）。后来艾斯林格成为众多参与索尼电视相关项目的国际设计师之一。

有一件事索尼从未做过，那就是追随竞争对手的后现代主义或是探索奥林巴斯 Ecru 相机的那种俏皮的复古风格。在 20 世纪 80 年代泡沫经济的氛围里，尼桑（Nissan）用费加罗（Figaro）大体再现了一辆 50 年代的运动款汽车的神韵。而当索尼想要变得俏皮时，它会需要一个借口。于是 ABS 外壳的第二代随身听用装饰性的点缀色彩来表示停止 / 开始功能；鲜亮的橙色海绵把附带的耳机变成了饰物。

多年来索尼设计经历了一系列形态变化，发展出自己内部的设计能力，大部分时候设计师们集中在一起，有时则分布于各个产品部门。大贺时代的"设计室"现在叫作"设计中心"（Creative Center）。无论叫作什么，索尼设计从 1961 年开始就一直以团队的形式来工作，其设计方法已经被量化成一系列价值观：愉快、人本、本质、独到、前瞻。设计团队避免了产品分类的专业化，为公司所有事业部提供支持。他们的工作氛围使任何人都可以贡献想法，定期举行设计评论会，鼓励设计师向公司高层主动提案而不仅是完成他们交代的任务。

索尼设计是一个包括工业设计、平面设计和人机界面设计的小部队，分布在东京、旧金山、伦敦，以及新加坡和上海，负责新产品、概念、包装方案和设计策略等多维度的工作。

索尼的成就来得如此之快，以至于它看上去似乎毫不费力。抛开那些关于妻女、贝多芬和旅行中的高管塑造了产品形状的坊间故事，索尼已经制定了一套严格的产品企划流程，并以工程、设计、金融技巧、战略合作伙伴和对顾客需求敏锐的感受力作为支撑。索尼同样表现出了自我革新的意愿。自 2000 年以来，PlayStation 游戏机为索尼贡献了大量利润，VAIO 个人电脑的业务也已经被出售。

索尼面临的挑战在不断变化，之前是与竞争对手进行的格式大战，以 Betamax 对 VHS 为最高峰，但更严峻的挑战可能来自于一个个产品门类从先行者定义的高端商品变成打价格战的普通产品。在每一个发展阶段中，索尼都在其设计方向上展现出一种独特的洞察力。回顾它的历史，通过成百上千个引起强烈共鸣的产品，我们可以清晰地看到索尼在怎样的程度上塑造了现代世界。

左：1958 年发售的 TR-610，尺寸只有 63×105×25 毫米，被称作"衬衫口袋中的晶体管收音机"。这个现代的广告不仅强调了它的便携性，作为背景的布鲁克林大桥和曼哈顿下城也反映了这个品牌日益增长的全球野心。　右：在 1985 年的筑波世博会上，索尼宽 40 米、高 25 米的屏幕"JumboTron"成为国际科技博览会场馆的标志。

左：1970 年，索尼的股票在纽约证券交易所挂牌上市，缩写符号"SNE"。　右：索尼在纽约时代广场的霓虹标识（1970 年）。

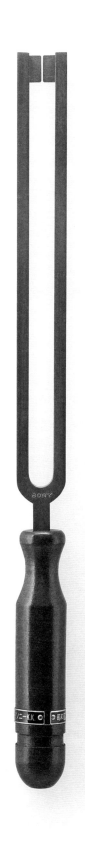

左：PV-100 专业全晶体管视频磁带录像机（1963 年） 这个机型在体积上大幅缩小，只有传统广播级视频磁带录像机的 20%。

上：125 C/S 音叉（1963 年） 在索尼的前身东京通信工业时期，这种标准音叉被用来测量和调节音高。音叉的产品线覆盖了从 100Hz 到 10,000Hz 的范围，图中的标准型号帮助完整了产品线。他们甚至还开发出一种由艾林瓦（Elinvar）镍铁铬合金制成的电磁铁音叉，以便在操作声学装置（如电信同步设备）和调节磁带录音机转速的时候提供基准信号。

上：TV-501　黑白电视机 "Mr. Nello"（1977 年）　这是一台显像管能够旋转的黑白电视机，便于在躺着睡觉的时候观看。它的昵称来自日语中 "睡觉" 的近似发音。

右：ICB-650　步话机 "Little John"（1972 年）　这是一台高度先进的、曾经征服了世界最高峰的步话机。在移动电话时代到来之前，步话机被用来进行无线通信。索尼在 1964 年开始步话机业务并发售了初代机型。1975 年，日本女性登山家田部井淳子和她的探险队在攀登珠穆朗玛峰途中使用了 "Little John"，并成为首位登上珠峰的女性。通过保障整个探险队的通信，"Little John" 证明了它的价值。

上：**D-50 便携式 CD 播放器**（1984 年） 第一台便携式 CD 播放器，其尺寸几乎只有 CD 盒子大小。播放器盖子上的圆环让人想起 CD 闪闪发光的形象，通过一个占了盖子 1/4 大小的亚克力窗口可以看到 CD 光盘。这个氧化铝的圆盘似的外形影响了之后机种的设计。为了便于操作，包括播放、快进、快退在内的大尺寸按键集中在了正面面板上。机身重 590 克。

右：**CD 播放器的木制尺寸模型** 以这个木质模型的大小为目标开发了 D-50。

上：**2R-21 口袋收音机**（1965 年） 这台高灵敏度的"口袋"收音机实现了单手操作。

右：**2R-26 口袋收音机 "Snick"**（1966 年） 这是索尼第一台带有预设调谐功能的收音机，只需按一个按键就能快速完成电台搜索。

上：TR-62 双波段晶体管收音机（1957 年） 世界第一台双波段（短波）晶体管收音机。

右：SAM-1 内置扬声器的麦克风 "Mr. Ainote"（1990 年） 一个为了增加派对气氛而设计的新奇产品。只需按下一个按键，这款产品就会用专业播音员的声音发出像 "You can do it!" 那样幽默和激励人心的评语。内置的麦克风和扬声器使其不仅可以播放预录的评语，还可以播放用户自己录制的声音。

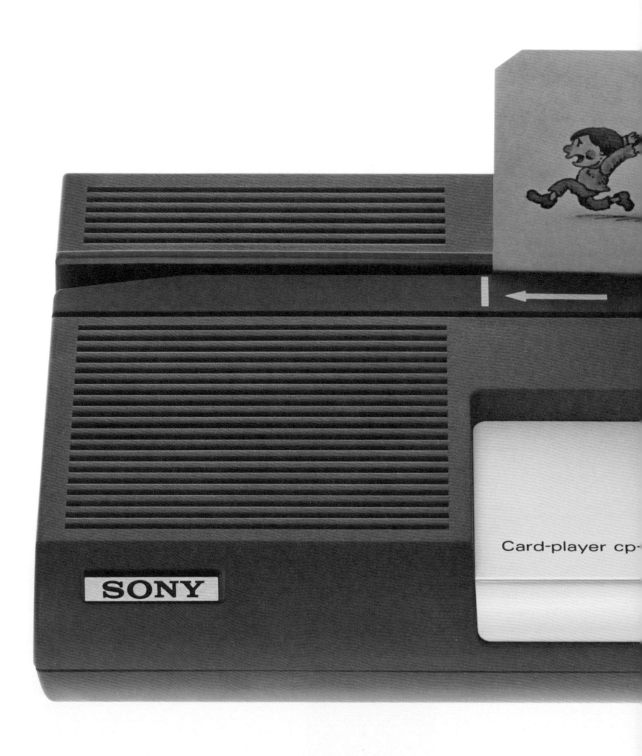

Card-player cp-

SONY

CP-1200　卡片播放器 "Talking Card"（1976 年）　这是一台寓教于乐的教育用玩具。只需把录有声音的卡片简单地插入播放器，孩子们就能

学习生词、聆听故事。播放器的设计使孩子操作起来也能毫不费力。之后索尼持续地开发并定期发售新的卡片。

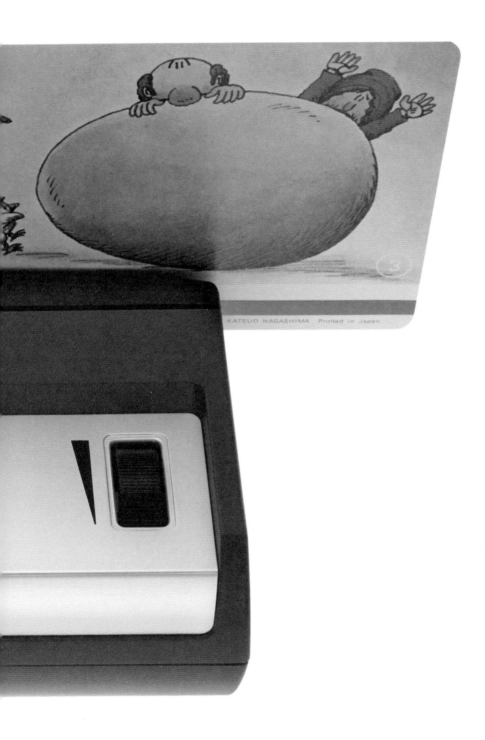

KATSUO NAGASHIMA Printed in Japan

EBR-1000EP　电子书 "LIBRIe"（2004 年）　一台超前于时代的电子书。索尼预见到电子书市场的增长，在 21 世纪初就已经有一款电子书产品上
市。它基于索尼开发的 BBeB（BroadBand eBook）电子书标准。电子书可以直接下载这个格式的书，也可以通过记忆棒（Memory Stick）读取。
产品的名字来自西班牙语中 "书"（Libro）和 "书店"（Libreria）的结合，以 "电子书"（e-book）中的 "e" 结尾。就如同在酒的世界里，侍酒师为
品酒行家导航一样，LIBRIe 在设想中将引导读者在书的世界中遨游。

于灰烬中，
索尼的诞生

漫画：斋藤隆夫

　　随后的漫画是从一系列索尼故事中的节选，由漫画家斋藤隆夫绘制。它描绘了索尼从太平洋战争结束时公司的创立到崛起成为领先的消费电子品牌，很大部分是基于盛田昭夫的回忆，在 1946 年 5 月 7 日，他和井深大一起创立了东京通信工业株式会社（东通工），之后在 1958 年更名为索尼有限公司。

　　下面讲述了 1945 年的夏天，在日本桥白木屋百货商店三楼，井深大和一群全情投入的工程师进行的会议。由于极度缺乏高质量的原材料，为了找到运用他们的工程才智的方法，他们在城市的废墟中搜寻所有可以找到的东西。作为一个不怎么好的预兆，他们最初的热情投入到了一个木制电饭煲的设计之中。

　　在那个时期，井深大和他的团队将自己命名为东京通信研究所。他们实验室开发出的产品，包括广为人知的短波适配器在内，使战时才结识并迅速成为朋友的井深大和盛田昭夫重新聚到了一起。

1945年的『东京』

太可怕了……这就像一望无际烧焦的荒原……

我们甚至连电车的铁轨都没办法铺设……

井深先生，那里就是白木屋。

白木屋的地下室有一个真空管厂，所以美国人的轰炸会以它为目标。

让我们进去看看！

……哈哈哈

……哈哈哈

这样做实验的时候还能有饭吃啊！

那么就决定做电饭煲了！

好！

那我们就着手工作吧！

首先我们需要一个恒温器、一个中继器……

烧焦了啊！

呃……

唔……看来需要更快地切断电路！

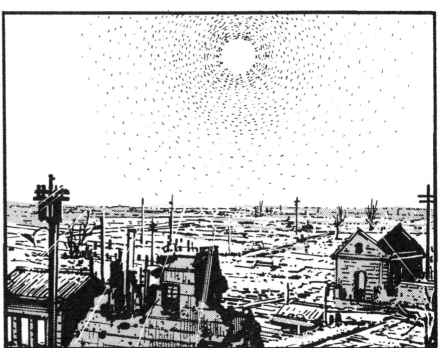

（咔嗒）

好，看看这次怎么样？

不行！

这次变成粥了！

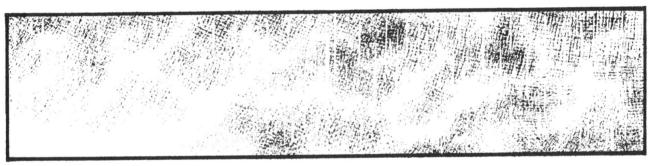

产品的品质还是无法稳定，电压的波动太大了，电饭煲看来不行……

试试改做烤面包机吧，我们可以使用相同的原理。

这次烧成炭了!

我想只有把它们算作研发费用了……

这次还是不行……

烤面包机还是和之前一样的问题……

不过,井深先生,我们已经调集了这么多原材料……

真是可惜呢……

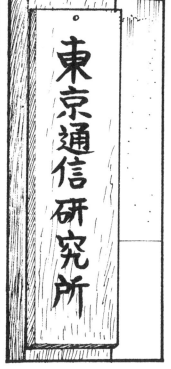

东京通信研究所

果然，有了标牌看上去就更像一个办公室了！

就是啊！干劲十足！

现在我们有了标牌，再有一个大卖的商品就更好了！

……没错

我们也许没有太多的资金，但我们有进发想法的头脑！其实我已经想到一个要做的东西了。

是什么呢？

战时短波广播是被禁止的，所以如今我们有的都是中波收音机。在这个基础上……

可以做适配器。

这样就可以用中波收音机听短波广播了！

这真是个好主意。

……不过

我们需要真空管……

大家会一起想想办法的，就这么做吧，井深先生！

与其想太多不如马上行动！

好，我现在就去找。

我们总能在什么地方搞到的。

1 索尼男孩 Sony Boy（1956年）

50年代的推广用角色形象。从1956年后期直到整个60年代，这个形象在索尼的广告和促销宣传中被广泛使用。索尼男孩的形象来自《朝日周刊》（*Asahi Shukan*）中的一个漫画连载。直到索尼开始拓展海外业务，这个形象才停止使用。在当时，索尼男孩不仅仅是一个吸引眼球的角色形象，也标志着索尼在市场和广告活动中的目标：追求一致和统一的形象。

索尼设计：
平面设计溯源

1961年，索尼创建了内部设计部门。在它的指导下，公司导入了那个后来最具识别性的商标。商标于次年发布，那是一个基于修改过的克拉伦登字体，全大写字母的标识。它对那个时代的平面设计手法既是系统的总结，也起到了示范作用。从产品自身的精神上和形式上的多样性获取灵感，这个平面设计提出了一个世界观，一直延伸到促销品、广告、包装，以及最新产品的数字人机界面上。索尼对"人－机关系"中"人"的一面总有着更多的兴趣，最明显的证据应该是使用说明书的设计。

从下一页开始收录了从20世纪50年代到80年代的一些相关印刷品的设计。

晶体管收音机TR-72、TR-33、
TR-6、TR-5和TR-73的宣传册
（50年代后期）。

ソニー トランジスタ ラジオ

TR-72
1台で数台分の働きをする、日本で始めてのハンデイ型です。
トランジスタ7石 4×6吋スピーカー
¥23,900（電池共）

貴方のポケットに是非一つ、最軽量のポケット型です。
トランジスタ3石イヤホーン専用

TR-6
日本で始めて作られた薄手軽量の肩掛式手提式ラジオです。裏面のスタンド金具を用いれば卓上ラジオになります。
トランジスタ6石イヤホーン兼用
2.5吋スピーカー ¥17,500（電池共）

TR-5
貴方のお好みの時間と場所で十二分にラジオをお楽しみ下さい。
トランジスタ5石 2.5吋スピーカー
イヤホーン兼用 ¥18,900（電池共）

ソニー・トランジスタ・ラジオの特長

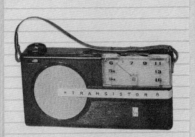

ソニ トランジスタ ラジオ

Sony

TR-33
貴方のポケットに是非一つ。
最軽量のポケット型です。
トランジスタ三石
イヤホーン専用
¥12,600（電池共）

ソニ・トランジスタ・ラジオの特長

将来、真空管にとって替るといわれるトランジスタを使用しているこのラジオ（T.R.）は、今後のラジオに比べて、次の様な著しい特長を持って居ります。今や我々の生活に於けるラジオの役割を大きく変えようとしています。

1．電池代……乾電池を自蔵していますが、他のポータブルに比べて、電池の消費量が極く僅かですから、電池代も裏面一覧表の様に、大変少なくつき、同時に電池の入替の手数も省けます。

2．寿命……トランジスタの寿命は、半永久的です。真空管の様に消耗するフイラメントをもたず、これ破れ易いガラス部分もありませんから極めて丈夫です。その上、プリント配線を使用していますので、故障がなく特性が一定しています。

3．大きさ……スピーカーを鳴らすポータブルの中で、最も小型で軽量です。

4．コード不要……T.R.は、外部から電力を供給しないで済みますので、電灯線の必要もなく、停電を心配する事もありません。又どこへでも持ってゆけますので、1台で数台の働きを致します。

TR-73
コードは不用です。無電源地帯でも、停電でも、御心配なく。
トランジスタ 七石
4×6吋スピーカー
¥25,700（電池共）

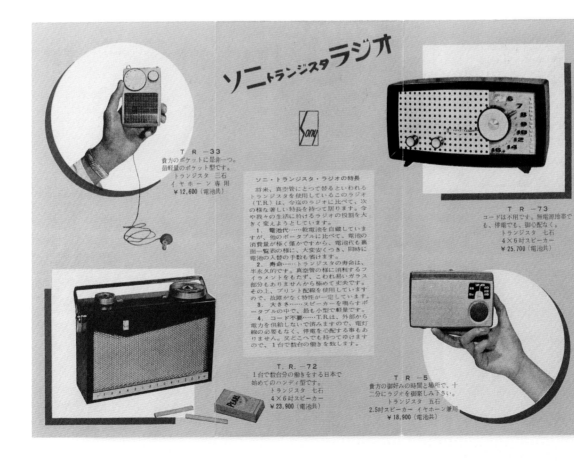

T.R.-72
1台で数台分の働きをする日本で始めてのハンデイ型です。
トランジスタ 七石
4×6吋スピーカー
¥23,900（電池共）

T.R.-5
貴方の御好みの時間と場所で、十二分にラジオを御楽しみ下さい。
トランジスタ 五石
2.5吋スピーカー イヤホーン兼用
¥18,900（電池共）

R-1型磁带录音机使用说明书的封面
和封底（50年代前期）。

5

東京通信工業株式会社

東京都品川区北品川6丁目35番地

電話・代表・大崎 (49) 0166 (5)

6

GT-3磁带录音机的宣传册。初代
G型磁带录音机于1950年上市，当
时索尼仍叫作东京通信工业株式会
社。

7

60年代中期的晶体管收音机、电视
机和步话机的宣传册。

8

索尼美国民用频段步话机CB-901
（1963年）和CB-106（1965年）的
宣传册。

9

50年代中期发售产品的综合宣传册。

10

在1962年和1965年之间发售收音机
的宣传册。（TR-842、TRW-734、
TR-1811、TR-1815）

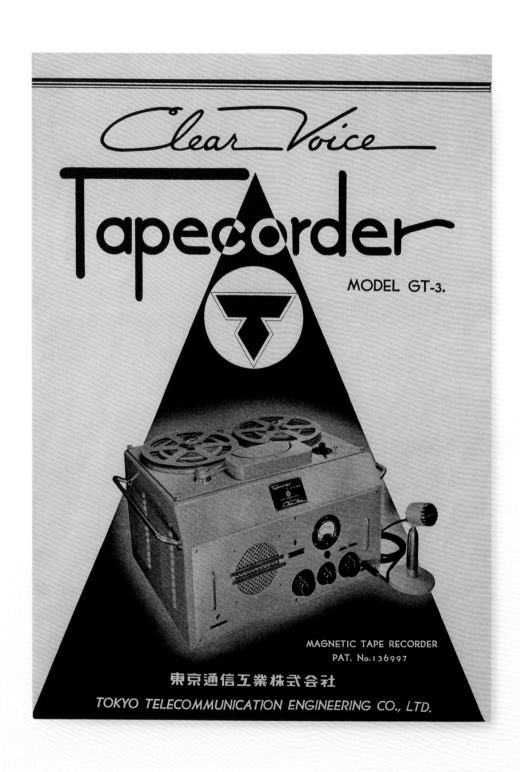

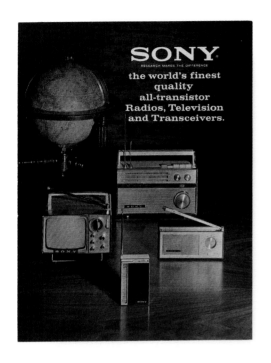

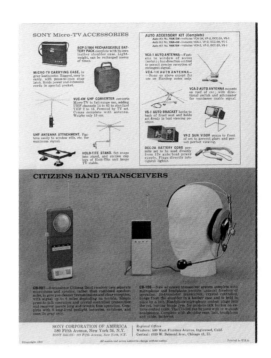

11

晶体管收音机宣传册，包括TR-810、
TR-610、TR-710、TR-712、TR-714
和TR-84，均为50年代后期产品。
索尼男孩开始出现在这个时期的索
尼印刷品上出现。

12

索尼音频产品宣传册，印有1960年
前后的磁带录音机（5001、553、
362、101、262、902、288、601）。

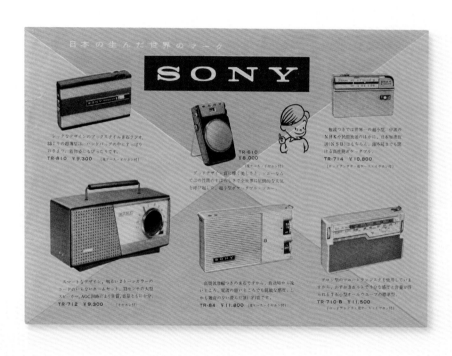

晶体管收音机2R-21（1965年）的
宣传册。

50年代后期发售的晶体管收音机宣
传册，包括"衬衫口袋"晶体管收音机
TR-63（1957年）和 TR-610（1958
年）。

13

14

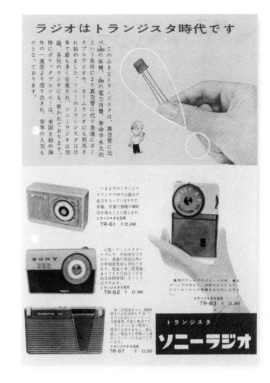

15

16

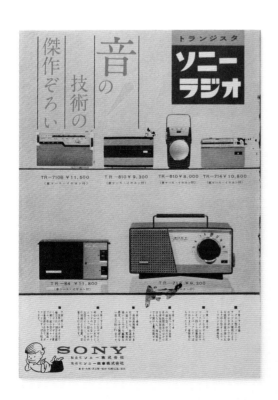

5英寸便携式电视机5-303E（1965年）和5-303（1962年）的包装和产品标签。

H型手提箱式磁带录音机的使用说
明书（50年代前期）。

19

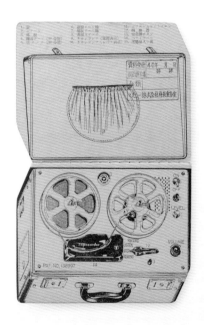

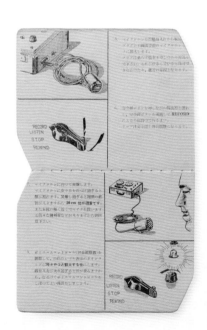

P-2型手提箱式磁带录音机的使用
说明书（50年代前期）。

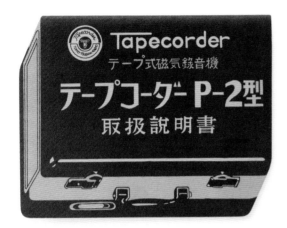

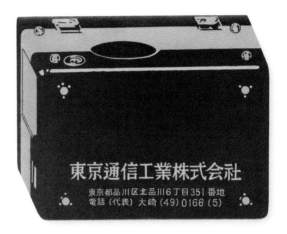

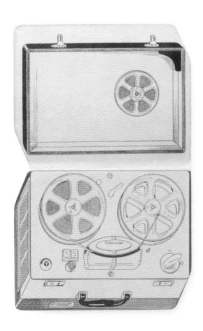

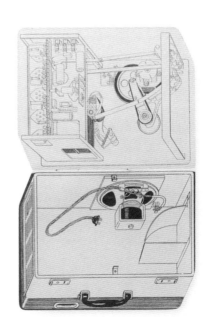

索尼设计：
产品设计选集

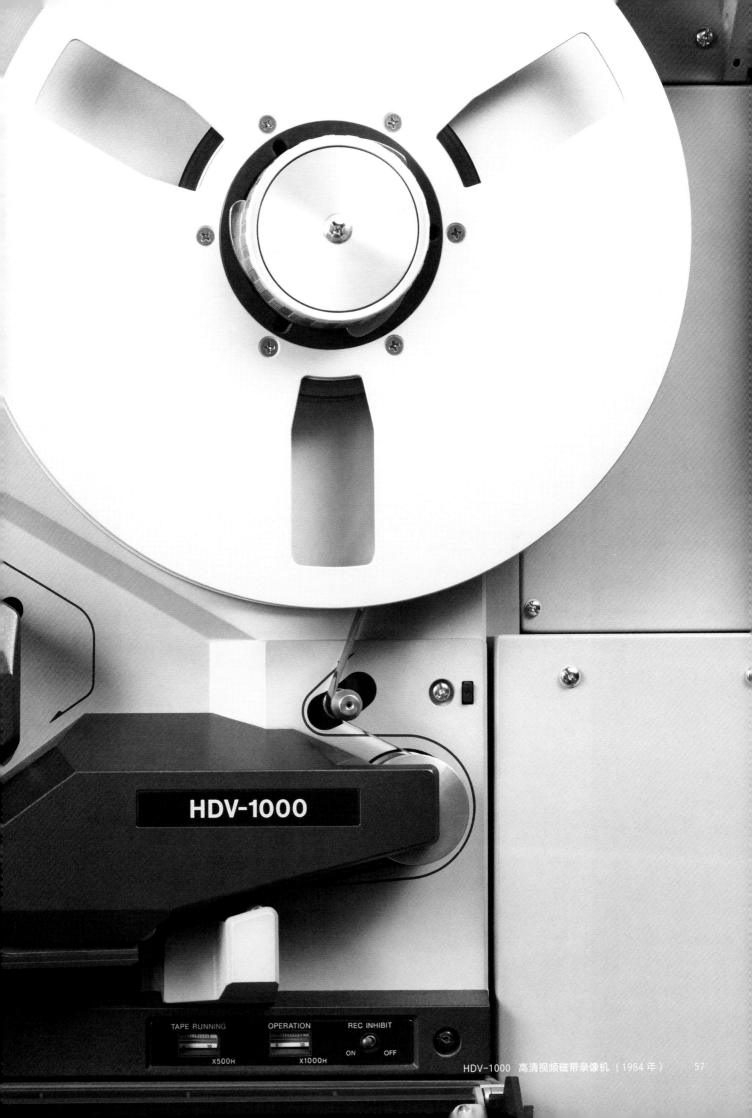

HDV-1000

58   TFM-110D FM/SW/MW 三波段收音机（1966 年）

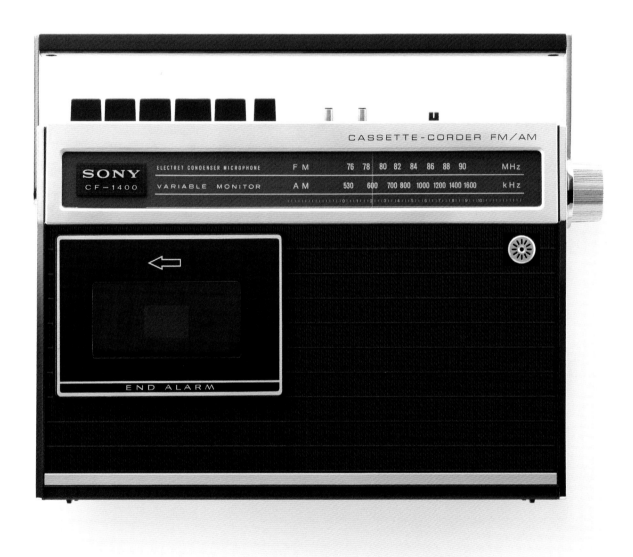

■ON

6

41n

7

8

7

TUNING

0 1 2 3 4 5 6 7 8 9 0

MARKER

TUNING & BATT METER

.250
.700
.550
.750

SW BAND SPREAD DIAL

.050
.300
.550
.800

.0000
.0015
.308

ER AFC/AM SENS BFO

ON   DX   OFF

OFF ON

LOCAL

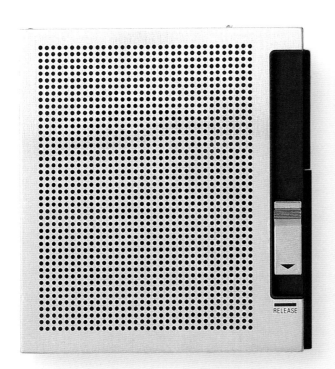
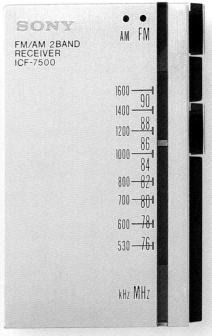

　ICF-D11　FM/AM 双波段收音机（1978 年）

74　ICF-SW1　FM 立体声 /LW/MW/SW 锁相合成收音机（1988 年）

ICF-SW77　LW/MW/SW/FM 立体声锁相合成收音机（1991 年）

M-101 微型盒式磁带录音机（1976 年）

84　　ECM-737　驻极体电容麦克风（1992 年）

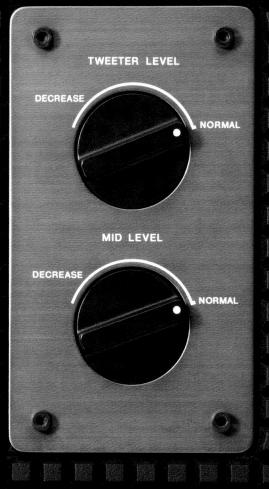

SONY CARBOCON SPEAKER SYSTEM SS- G7

TWEETER LEVEL

DECREASE   NORMAL

MID LEVEL

DECREASE   NORMAL

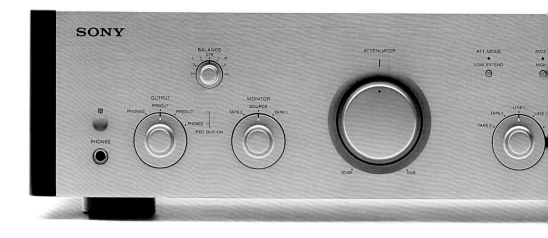

BLU-RAY DISC RECORDER BDZ-V9

HDMI i.LINK G-GUIDE

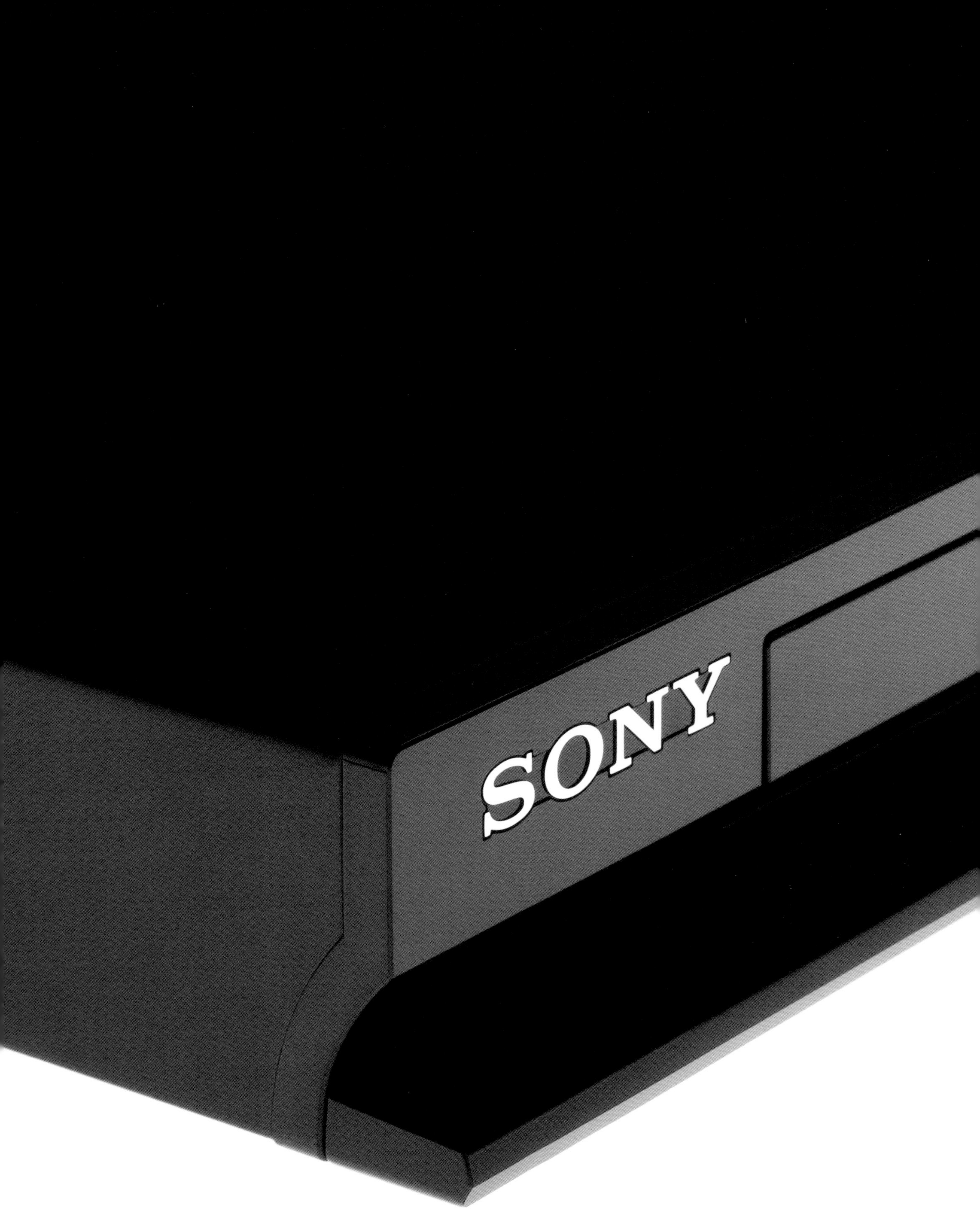
SONY

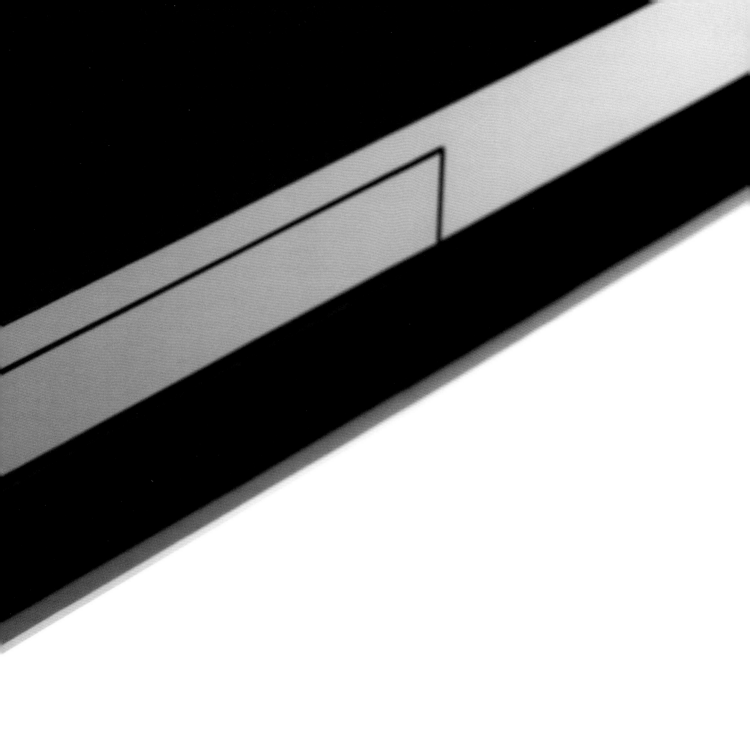

TRINITRON

OPEN

2 3 4 6 8 10 12 39

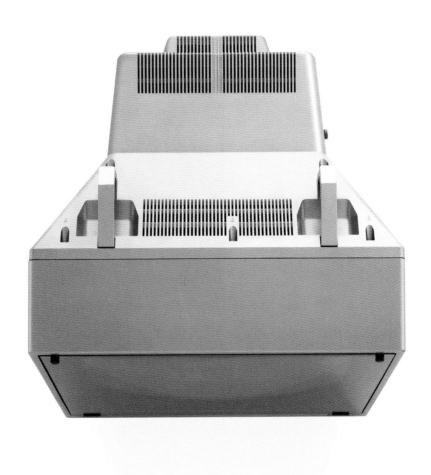

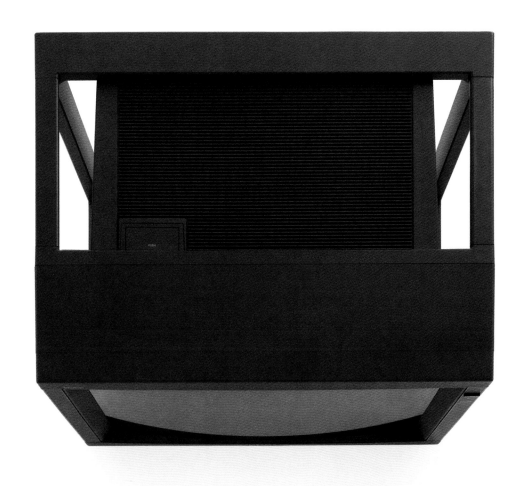

　KX-21HV1　特丽珑彩色电视机（1986 年）

116　　WM-2　立体声盒式磁带播放器（1981 年）

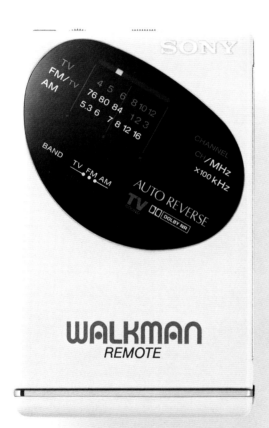

　　WM-504　立体声盒式磁带播放器（1987 年）

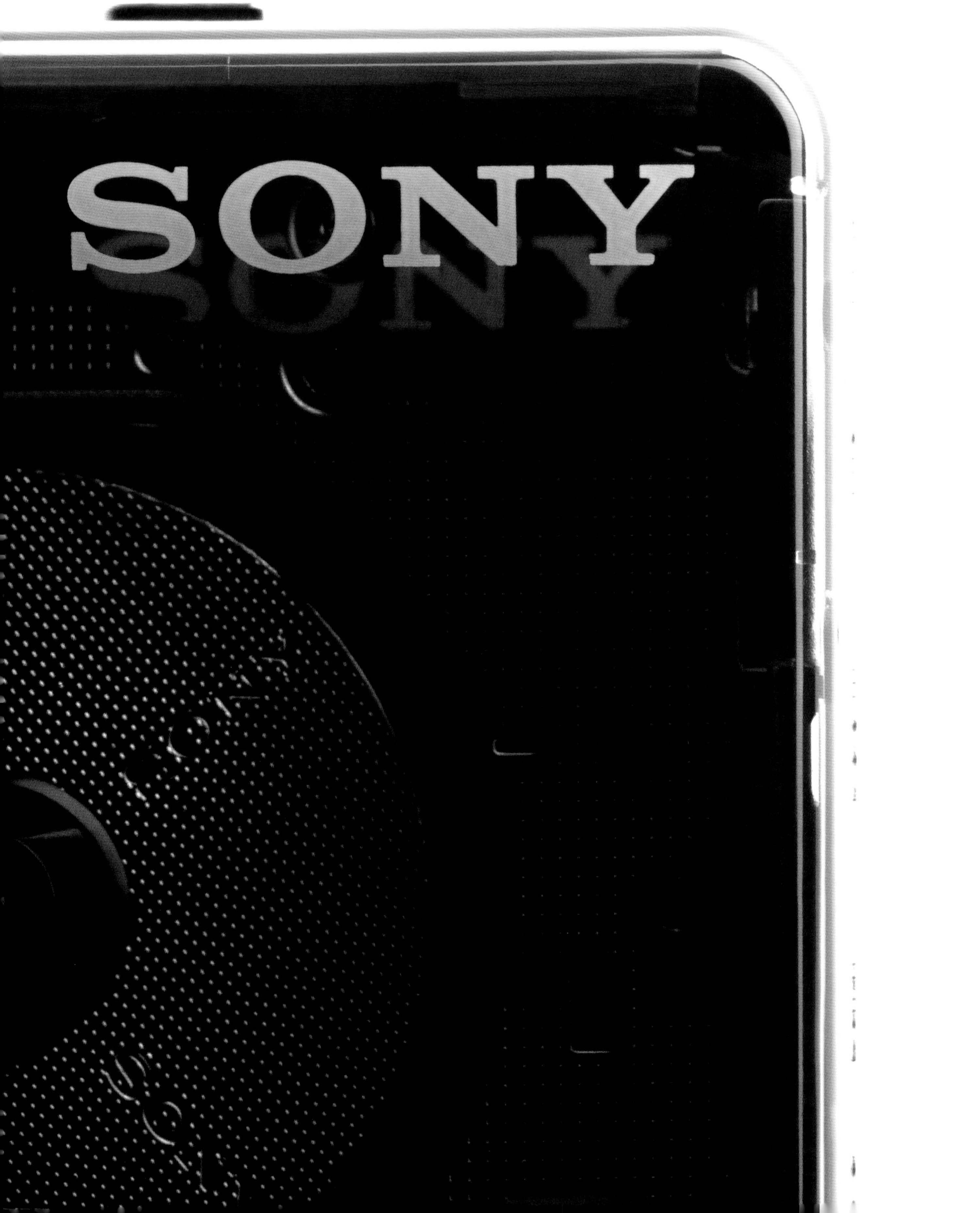
SONY

124　　WM-701C　线控／自动翻带盒式磁带播放器（1988 年）

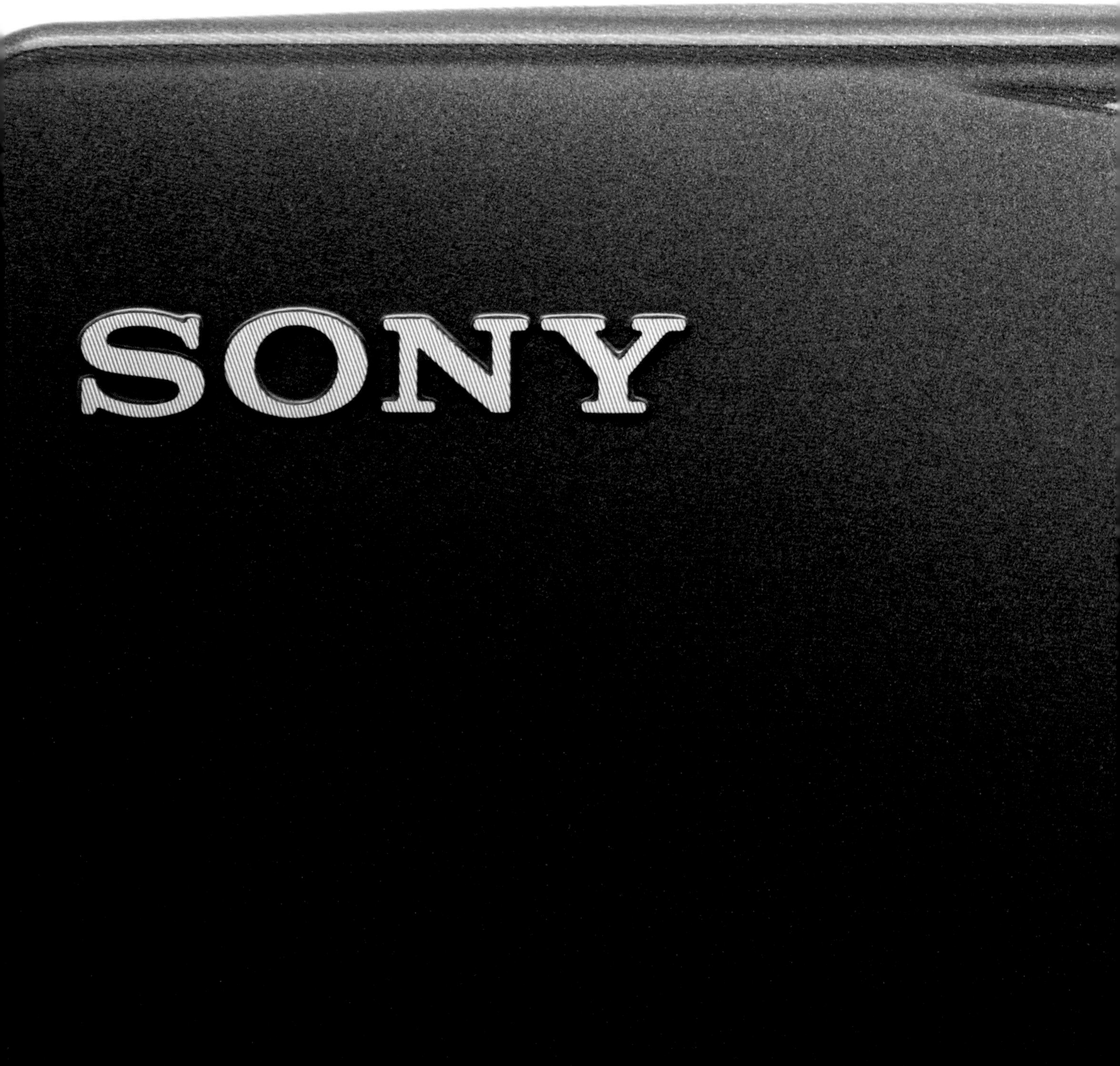

WM-FX9 立体声盒式磁带播放器（1998年）

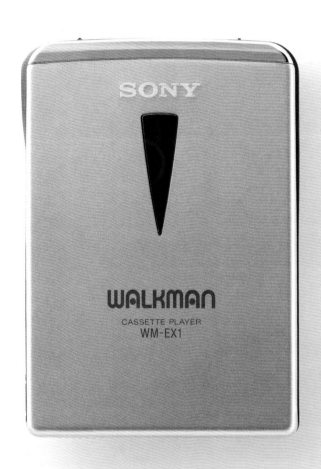

　WM-EX1　立体声盒式磁带播放器（1994 年）

WM-EX808 立体声盒式磁带播放器（1993年）

"我的第一台索尼"系列产品（1987 年）

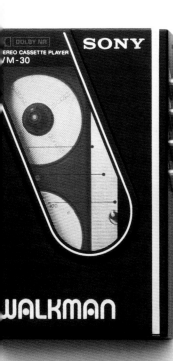

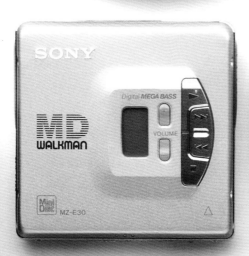

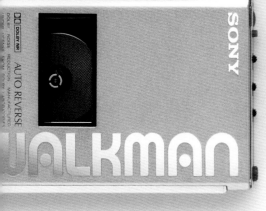

　D-50MK2　便携式 CD 播放器（1985 年）

CLOSE

OPEN/EJECT

MAN

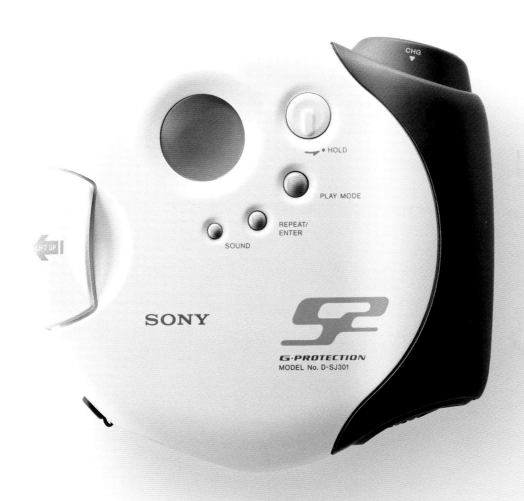

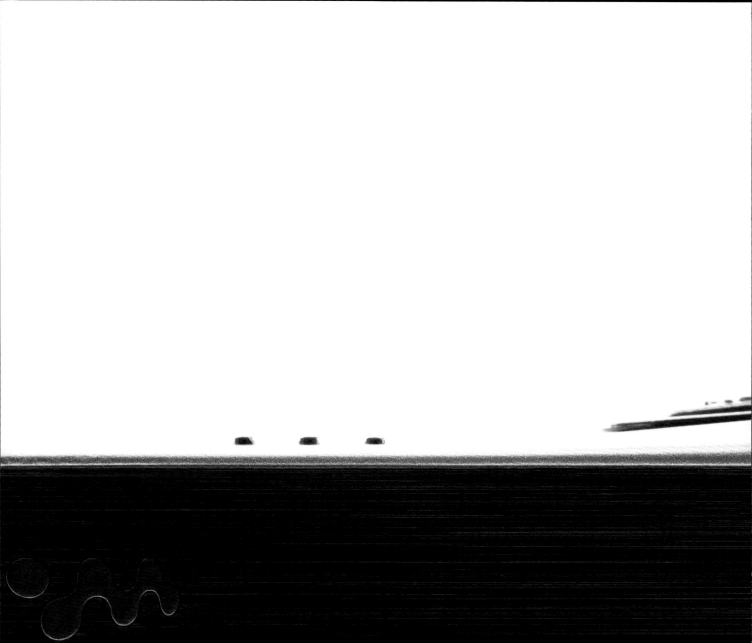

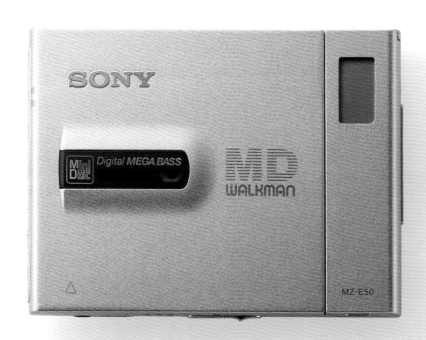

　MZ-E50　便携式 MD 播放器（1995 年）

　MZ-E44　便携式 MD 播放器（1998 年）

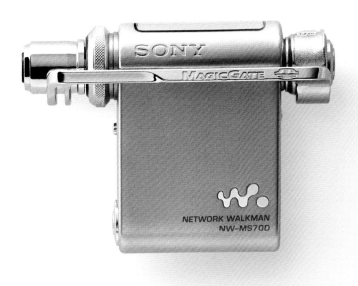

　　MDR-R10　立体声耳机（1988 年）

MDR-R10
立体声耳机
162 （1988 年 ）

168　　MDR-F1　立体声耳机（1997 年）

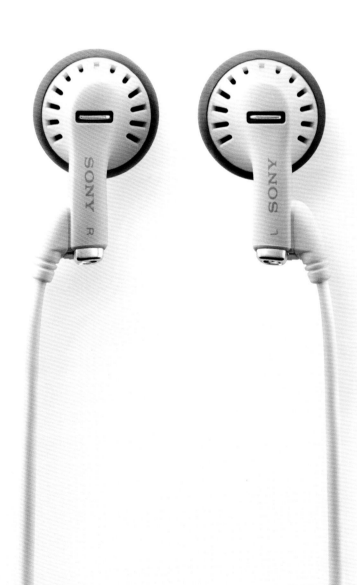

MDR-E484

立体声入耳式耳机（1988 年）

MDR-E252　立体声入耳式耳机（1982 年）　　175

178   XBA-S65 立体声入耳式耳机（2011 年）

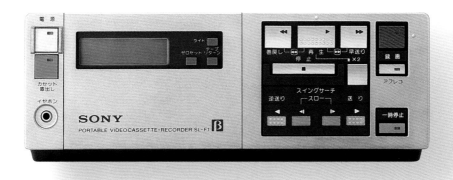

QUALIA 004

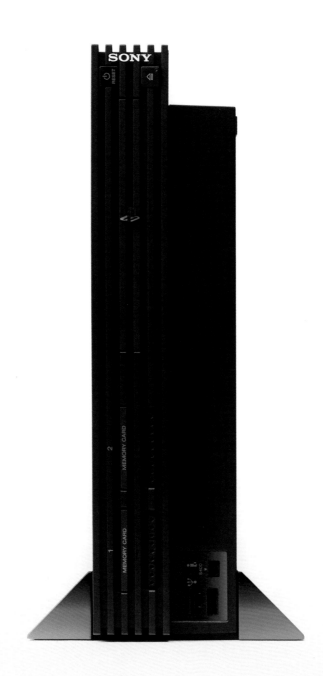

SDR-4X II 娱乐机器人 / 左侧为油泥模型（2003 年）　225

　SDR-4X II　娱乐机器人／左侧为油泥模型（2003 年）

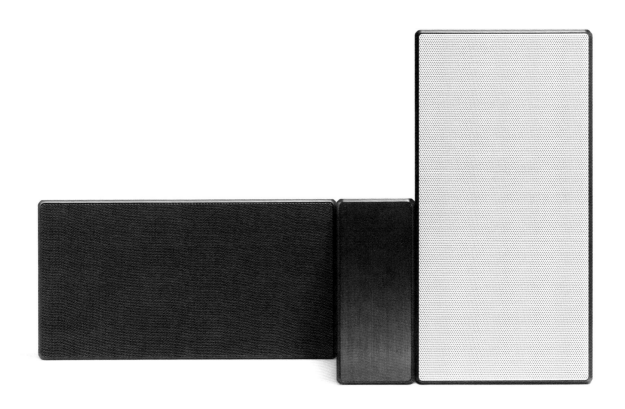

　Xperia Tablet Z　平板电脑（2013 年）

ICF-1000 高清视频磁带录像机（1984年）
P57

索尼的第一台高清视频磁带录像机。1984年，索尼抢在竞争对手之前将其作为高清视频系统(HDVS)产品线的一个组成部分推向市场。在更早的1981年，索尼就已经发布了世界上第一台高清视频系统。

TFM-110D FM/SW/MW三波段收音机（1966年）
P58

这款经典的银黑相间的收音机的昵称是 "Solid State 11"。它的外形设计与另外发售的一款立体声适配器相互对称。机身上的调频旋钮、音量旋钮和功能开关均被设置在对应的位置上。在当时具有独创性的高背造型，新潮的外观设计和出色的信号接收敏感度使它成为一款成功的产品。

ICF-5500 FM/AM三波段收音机（1972年）
P61

"Skysensor" 系列中的第一款收音机，引发了一阵收听短波广播的风潮。一个大的调频刻度盘强化了其精密仪器的印象。哑光黑色的外壳与这种 "硬派" 设备完美契合。这种哑光黑色外壳的处理方式最终定义了 "Skysensor" 系列和之后机型的视觉形象。

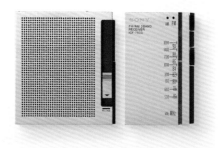

ICF-7500 FM/AM双波段收音机（1976年）
P65

一款没有任何突出按键、造型洗练而轻薄的收音机。在上市的时候，ICF-7500代表了全新的风格和优雅的设计。它以人们的上班通勤为使用场景，与当代其他收音机有着显著的不同。设计师专注于扬声器和调谐器之间理想的大小比例，在两个部件之间，高精度的连接件同时也成为一个设计元素，只需一按就能开合。解锁把手是将新部件整合到设计中的又一例证。

ICF-P2L FM/SW/MW/LW四波段收音机（1978年）
P67

这是一台便携式收音机，它的能耗比当时市场上的一般机型低86%，满足了刚走出石油危机的顾客的需求。调频的旋钮设置在机身顶部，与一个把手和天线夹在一起强调了它的便携性。它有着明亮的金属银色外壳，还有一个浮雕般立体的扬声器格栅。

ICR-D9 AM收音机（1977年）
P71

有着数字显示窗的 "EYE SEE" 系列口袋收音机。过去人们要靠波段尺来调频，有了数字显示窗之后，人们只需简单地输入频率数值，这使微调变得更加方便。同时显示窗也拓展了机能性，在这台9毫米的厚度中实现了时钟、日历和闹钟三项功能。

ICF-M1 FM/TV1-3/AM双波段锁相合成收音机（1987年）
P72

一台真正能放进口袋的紧凑型收音机。一个在研发过程中被大量内部讨论的对象，预设按键被设置在机身上方以便在口袋中随时操作。

SRF-M40W FM/AM锁相合成立体声收音机（1988年）
P73

这款收听广播的 "随身听" 充分利用了从模拟调谐转变为合成调谐所带来的优势。巨大的预设按键被设置在正面，便于用户把它夹在腰带上时进行盲操作。

ICF-SW1 FM立体声/LW/MW/SW锁相合成收音机（1988年）
P74

键盘式调谐和简单的操作方式令这台收音机与众不同。在索尼第一台单波段收音机（TR-55）大小相当的机身中，它实现了所有多波段收音机的功能，是一台充分体现TR系列进化的机型。由于这台机型主要在海外使用，出于兼容性考虑电源适配器具有电压自适应功能（100~240V）。

ICF-SW77　LW/MW/SW/FM立体声锁相合成收音机（1991年）
P75

一台让人能够同步接收最新海外新闻的短波收音机。这台收音机可以通过电台名称（按字母顺序拼写）来搜索电台。在完成电台的预设之后，只需按下对应按键，机器便会自动调节到收听，为了保持收听信号稳定，它甚至将收电波飞行的时间也加以考量。

M-101　微型盒式磁带录音机（1976年）
P78

作为一台用来记录口述内容的设备，这款产品的小尺寸，单手操作和清晰的音质完美地满足了功能需求。

TCM-100B　盒式磁带录音机（1978年）
P79

"PRESSMAN"是一款在商务人士中十分流行的机型。这款盒式磁带录音机能为他们做语音备忘，并能单手操作——录音、播放、快进、倒带、标记，回放和暂停的控制都按照此逻辑布局。它还有一个快速浏览功能能够以1.5倍的速度播放录音。第一台"随身听"以这台机型为基础，并在它上市的一年后发布。

TC-D5 PRO II　立体声盒式磁带录音机（1986年）
P81

这款"电助"（DENSUKE）系列便携式盒式磁带录音机基于严格的音质标准设计，有诸如主动伺服、盘式驱动机构和杜比降噪等特性为证。设计师们在一个小而轻的机体中追求高性能。由于表面的区域有限，一些控制按键被组合在正面，另一些不常用的按键则被置于上盖内侧，有条理的布局也体现了设计师对细节的极大关注。铸造的外壳让这台录音机极其耐用。

NT-1/NTC-90　微型数字录音机（1992年）
P82

第一台数码微型盒式磁带录音机，配用由索尼开发的邮票大小的盒式磁带。在1994年版的《吉尼斯世界纪录大全》（Guinness Book of World Records）中，这款磁带获得世界上最小的数码录音磁带认证。NT-1体现了一台便携式磁带录音机应备的一切属性。小而轻的机身中实现了出色的音质、超长的录音时间以及省电设计。以微型盒式磁带为中心布局，单手也能轻松操控。外观上，"SCOOPMAN"的简洁感也十分吸引人。

PCM-D1　线性PCM录音机（2005年）
P83

20世纪70年代，索尼的"电助"（DENSUKE）系列曾经掀起一阵现场录音的风潮——无论在户外还是在舞台环境中都可捕捉真实的声音和感受。这台"PCM-D1"线性PCM录音机汲取了初代"电助"的设计语言，将其带到数字化的前沿。日本的和纸被用在仪表盘的背光中，看上去就如同穿过屏风纸窗的微弱灯光。

SS-G7　扬声器系统（1976年）
P87

这是由刚刚成立的索尼音频事业部开发的一款野心勃勃的产品。这款扬声器有效地重建了索尼在这个领域的形构，为了获得更高的音质，它拥有碳纤维振膜、共轴扬声器布局（在横轴和纵轴上均对齐）以及能防止驻波的开槽格栅。在这原创的风格中，音响爱好者还会发现其他细节，例如低音喇叭的边缘突出于格栅的设计。

TA-ER1/RPS-ER1　立体声前置放大器/电源（1991年）
P89

铝制的前部面板和顶部面板提升了音质，同时也为这款产品带来一种高级的坚实感。

CMT-M1　微型组合音响（1995年）
P91

从正面看上去，"QBRIC"比一个CD盒子大不了多少。与之前无处不在的黑色主题相比，这个系统作为室内装饰的一个组成部分，拥有暖色调的、更柔和的外观。

CSV-E77　频道服务器（2002年）

P93

一台硬盘录像机，它的人机界面使寻找录像内容如同切换频道一样简单。以重新定义人们看电视的方式为目标，索尼的产品设计师和交互设计师通力合作，在整个设计过程中相互汲取灵感。为了避免机体的冰冷和机械感，他们精心地挑选材质、色彩和照明印象以塑造一种中性的气质。标识性设计还体现在LED指示灯与图形人机界面之间的相互作用上，表现出一种充满活力的脉动。

KV-1375　特丽珑彩色电视机（1977年）

P99

在个人电视机开始降价的时代，这款电视机通过其获奖的设计扩大了索尼的市场份额。它以喷气式飞机驾驶舱中的显示器为灵感，被冠以"CITATION"（一种喷气式飞机的名字）的昵称。那是一个木纹表面流行的时代，这也让它的塑料喷漆外壳（内部通过金属加固而十分坚固）显得十分大胆、有力和便携。

KX-20HF1　特丽珑彩色电视机（1980年）

P101

第一台"PROFEEL"系列电视机。这款机型建立了"CRT模块"这种相对激进的理念，将之与电视调谐器、扬声器和其他零配件分离。设计强调了机能性高于形式，直至所有的装饰性元素都消失了，简洁而富有吸引力。它那未来主义的外观与当时流行的木纹电视机身形成了鲜明的对比。

KV-4P1　微型特丽珑彩色电视机（1980年）

P103

"ESSEN"是一台为公司高管的办公桌或在汽车内使用而设计的小型电视。收纳在外壳侧面凹槽中的一根天线强化了它大胆和方正的外观。这款电视有着氧化银色表面的拉伸铝外壳，能够将屏幕从底座上抬起来，以便调整最佳的观看角度。

KX-21HV1　特丽珑彩色电视机（1986年）

P105

"PROFEEL PRO"不仅是一台拥有卓越画质的电视机，更拥有专业感的设计以及十足的使用便利性。一个可堆叠的、立方形的造型使这台电视能够以多种不同的方式安装，其侧面形状独特的灵感来自一种叫作"手鼓"的乐器。在正面框架中带背光的面板能提示当前的工作状态，而在背面设计中加入索尼标识的做法之后被沿用了很多年。

HB-101　家用电脑（1984年）

P109

"HITBIT MEZZO"是一台为家庭使用而设计的电脑，它不同于商用电脑的风格，有红色、黑色和象牙白三种颜色型号。

WM-2　立体声盒式磁带播放器（1981年）

P116

初代随身听的设计是从磁带录音机的基础上发展而来的。这款WM-2的设计在休闲气质上推进了一步，更适合在移动中聆听音乐。它在忠于原有设计概念的前提下设立了新标准。直接伺服机构让设计师能够在机身正面设置控制按键，这成为随身听产品形象的标识性元素。

WM-20　立体声盒式磁带播放器（1983年）

P117

开发这款播放器的目标是"一台磁带盒大小的随身听"。造型设计中的关键点是倾斜的控制按键和一个椭圆形的透明窗口，能够立刻看到有没有放磁带。电池仓、磁头、转盘和耳机接口被放置在一起，整个外壳能够滑动展开以便收纳磁带。在没有放置磁带的时候播放器可以缩小体积变得更为便携。为了满足更多用户的需求，WM-20有7种颜色可供选择。

WM-F5　立体声盒式磁带播放器（1983年）

P119

第一台为户外运动而设计的随身听。WM-F5第一次采用亮黄色外壳，在之后的运动型号中一直被沿用。外壳使用了强力抗冲击的ABS塑料，所有控制按键都经过橡胶密封保护具有防溅功能。播放、停止以及其他按键的形状和布局都考虑到盲操作下的易用性。

WM-50　立体声盒式磁带播放器（1985年）

P120

一款休闲产品线的随身听，它不同于传统产品的硬边设计，柔和的轮廓线使触感非常舒服。有白色、蓝色、粉色、红色和灰色5种颜色可供选择。

WM-F109/WM-109　立体声盒式磁带播放器（1987年/1986年）

P121

第一款拥有线控的随身听，当随身听放在背包里的时候，可以通过外接的线控来操作。对称的布局和小巧的视窗简洁而中性，外壳采用了珠光色喷漆的表面处理。

WM-504　立体声盒式磁带播放器（1987年）

P122

一款为强调内部机械美感而设计的随身听。透明材质的上盖让整个盒式磁带的平面设计一览无遗。这款随身听也曾经在安迪霍尔（Andy Warhol）的平板印刷艺术作品中出现。

WM-701C　线控/自动翻带盒式磁带播放器（1988年）

P124

这款高音质随身听成为了索尼10周年纪念款的基本机型，另外还有一款镀银外壳的蒂芙尼（Tiffany）版本。

WM-EX808　立体声盒式磁带播放器（1993年）

P125

为了在缩小尺寸的同时维持机身强度，这款随身听首次引入高强度镁铝合金材质。包括一个扁平的锁定键在内，薄型机身的厚度只有20.3毫米，有着"薄丈夫"（含义：轻薄且坚固）随身听的昵称。

WM-EX1　立体声盒式磁带播放器（1994年）

P128

这款索尼15周年特别纪念版随身听引入垂直磁带装载的设计，让切换磁带变得更加高效。盖子上的镀铬部分提示磁带装入的位置。另一个吸睛的设计细节是盖子上那倒三角形的窗口。

"我的第一台索尼"系列产品（1987年）

P132

在"我的第一台索尼"（my first Sony）系列产品的背后，是期望孩子们在第一次接触这些电子产品的时候，能够激发他们对科技长久的兴趣。这些产品试图通过透明的面板或者使用特定的颜色来展现内部的机械结构，唤起孩子们的好奇心。机能部件是蓝色的，扬声器是黄色的（代表着产生音乐和声音的乐趣），其他基础部件是红色的，或按照其基本结构来组织。精心的设计确保孩子们能够轻松学会如何使用他们的"第一台索尼"。

盒式磁带

P137

不同的盒式磁带：从高品质产品到更偏重于设计的代表性产品。

D-J50　CD播放器（1991年）

P141

超薄CD播放器，包括电池在内仅比一个CD盒略厚一些。这都归功于那些在这款机型中首次应用的先进技术，包括一款新开发的光头（激光耦合器）、一台薄型无刷电机、高度集成电路以及其他的创新。

MZ-1　便携式MD录音机（1992年）

P143

这款产品与基于盒式磁带的产品不同，机身上的数字键强调了它不仅能快捷地播放音乐，还能编辑数字录音。正面的插槽由车载音响上的盒式磁带播放机发展而来，当MD碟片插进播放机中时，就像被"吞"下一样。

D-E01　便携式CD播放器（1999年）

P145

这款15周年特别纪念版CD随身听有一个泛着光泽的银色的机身以及镀铬的控制键和弹出按键。机身和线控上的窗口有着高级的极化镀层。在性能方面，极度高效的防震技术（G-Protection）标志着这款播放器技术的先进性，以及从类似基于内存的系统上的转变。为在追求吸入式光盘装载机构的过程中，开发者成功实现了这种技术在业界的第一次商业应用。

MZ-E30　便携式MD播放器（1996年）

P151

一款奠定索尼MD随身听标准形态的机型。机身以MD盒子的大小为目标打造得十分紧凑。在当时，这是业内最薄、最小也是最轻的机型，一个即便滑入胸前口袋或是包中也不会觉得臃肿的革命性的尺寸。新的表面处理技术赋予机身与众不同的闪亮特性。这款产品先后推出了三种不同颜色。通过节电的电路设计，它可以在1.5伏的电压下工作。

NW-A1000　便携式数码音乐播放器（2005年）

P156

这款播放器的圆滑机身让人联想到流动的声波或气流，它的外形仿佛轻柔地拥抱着音乐。设计师突出展现触感和操作时足够的易用性，期望这款播放器能够静静地躺在用户的手中，对正在聆听的音乐没有一丝一毫的干扰。光滑、无缝的上下外壳包裹着中间的部件，一条边框环绕其间。通过微妙的细节设计，巨大的OLED屏中的信息就像悬浮着一般。

NW-S203F　便携式数码音乐播放器（2006年）

P158

让这款播放器脱颖而出的是其贵金属般的质感和细节设计。毫无疑问，圆柱体的形状和控制环是索尼独特风格的体现。无论是运动风还是都市风的衣着造型都能搭配的外观被融入到一个简洁的圆柱体中。

NW-MS70D　便携式记忆棒数码音乐播放器（2003年）

P159

一个独特的钛金属加工工艺示范般的设计，机身各处都看不到接缝。尽管播放器的机身构造非常紧凑，控制环、锁定滑杆、拨盘以及其他按键仍然十分易用。

MDR-R10　立体声耳机（1988年）

P160

这是世界上第一款运用生物纤维素振膜技术的耳机，这种材质有着和铝相近的刚性。

MDR-CD7　立体声耳机（1983年）

P163

一款因轻盈的设计和出色的隔音效果而适合在家中使用的耳机。

MDR-Z700　立体声耳机（1999年）

P166

这款耳机实现了高电流输入下的精准声音再现。聚氨酯衬垫的抗噪耳罩降低了给双耳带来的压力，增加了佩戴的舒适性。

MDR-Z1000　立体声耳机（2010年）

P167

这款旗舰级录音室监听耳机配备一个专门开发的50毫米直径的驱动单元和镁合金外壳，同时实现了高音质和佩戴性。为保证音质，可分离的专用缆线使用7N级别的芯材。椭圆形的轮廓从外壳到耳罩形成一个无凸起、无接缝的一体造型。耳机支架十分坚固，香槟色的表面突显个性。铝质调节滑块经过先进的平面拉伸和折弯工艺加工而成，与支架的外观相互映衬。

MDR-F1　立体声耳机（1997年）

P168

通过采用镁合金这种轻质材料，以及在耳罩和头带上使用触感舒适的"ECSAINE"绒布材料，这款开放式耳机为用户提供了一种更自然的听音感受。

PFR-V1　个人声场音箱（2007年）

P169

这款革命性的头戴设备能让用户感受到高度真实的声音体验。它消除了与自然和开放声音的一切隔阂，提供了一种不同于传统耳机的体验方式。形态与机能相关，为了减少回波，扬声器与头部保持了一定的距离。框架经过特殊设计，无论是在视觉上，还是在实际重量上都体现了轻盈感。

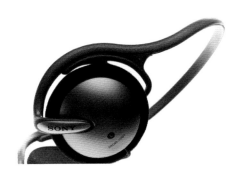

MDR-G61　立体声耳机（1997年）

P173

这款耳机引入了新概念：一个环绕在颈部后面的头戴设备。这一设计所带来的户外聆听方式也塑造了一种新时尚。

MDR-E484　立体声入耳式耳机（1988年）

P174

符合人体工程学的设计。每一个单元的轴向都经过调整，以便尽可能地贴合耳内轮廓，消除了长时间佩戴耳机带来的不适感。设计师采用陶瓷复合外壳解决了低音中的共振问题。

XBA-S65　立体声入耳式耳机（2011年）

P177

一款通过把耳机线绕在耳廓上佩戴的耳机。为实现正确贴合的设计，设计师进行了严格的原型测试。作为一款强调耳挂式的耳机，所有不必要的结构元素都被去除。从线缆到耳机的渐变展现出优雅而无缝的过渡和一体感。

PMW-F55　数字电影摄像机及其配件　（2013年）

P186

配备Super 35毫米等效4K传感器的数字电影摄像机。紧凑、轻便和模块化的设计使其用途十分多样化，被广泛应用于电影、纪录片和运动类节目的拍摄。索尼在满足专业需求的道路上以一种实用主义的优雅做出一个个必然的设计决策。系统的整体设计，包括机身、镜头和其他配件在内，源自设计团队一次次亲历拍摄现场，对导演和制作团队的真实诉求获得深入理解。

CCD-TR55　8毫米摄像机（1989年）

P189

TR系列的第一个型号。这款护照大小的"Handycam"创下了销售纪录。右置的镜头打破以往摄像机同轴布局的模式。移到把手一侧的盒带仓、扁平化的麦克风连同其他创新设计让这款机型重新定义了摄像机的基本结构。在技术的基础上，精心考究的细节设计使其实现革命性的机身尺寸和仅790克的重量。为了纪念这项成就，这台摄像机被赋予了和索尼第一台晶体管收音机TR-55一样的编号。

DCR-PC7　数码摄像机（1996年）

P191

这款机型以"比传统的Handycam更小巧"为目标而开发，在发售时，它成为世界上最小、最轻的摄像机并饱受赞誉。设计师为了在保证布局紧凑的同时确保其机能，以人体工程学为基础追求适用性。机体用镁铝合金材质铸造，同时实现了小型化和耐用性。

DCR-VX1000　数码摄像机（1995年）

P195

第一台DV摄像机，为追求杰出画质而配备有3CCD系统。作为一款前所未有的高端DV机型，它在发售时有着领先于行业的性能和特性。光学系统和麦克风被设置在机身的中央轴线上，塑造了一个修长和对称的大胆外观。让DCR-VX1000特别吸引人的是井井有条的按键布局，以及能够承受专业拍摄过程中使用损耗的坚固机身。这款数码摄像机在广播行业中掀起一波在轻量机身中提供卓越画质的风潮。

DSC-F505V　数码相机（2000年）

P196

大光圈卡尔蔡司"Vario-Sonnar"镜头在这款相机上的支配地位形成了一个前所未有的大胆设计。镜头简身可以被看作相机设计的核心部件，而CCD成像元件、主电路板和其他主要的相机部件都像是安装在了镜头上。这种形态在传统的胶片相机中是不可想象的，因此，一经发售便在数码相机市场上掀起了一阵风潮。有着5倍光学变焦和200万像素的分辨率，这款机型也预示着百万像素时代的黎明已经到来。

DSC-F1　数码相机（1996年）

P197

恰恰因为这是一款数码相机，"人情味"成为了设计中的追求。精选材质以达到更好的性能，金属打造的机身令这款"Cybershot"小巧耐用。握在手中机身的大小恰到好处，有着良好的平衡性和令人安心的厚重感。镜头和闪光灯可以旋转180度，为多角度拍摄提供更大的灵活性。

DSC-T700　数码相机（2008年）

P199

这款数码相机配备一款最新研发的镜头，内置手震纠正功能，成功解决了在如此轻薄的机身中加入光学防抖功能的挑战。在实现超薄的同时，这款机型"金属板"（Metal Plate）的设计概念塑造了终极紧凑型数码相机的理想形态。设计上有意识地回避了一切装饰，大大强化了"薄"的印象，这也是T系列最重要的特征。

DSC-TX300V　数码相机（2012年）

P200

玻璃作为被选中的材质，用以追求一种"不似相机"的相机设计。大多数码相机在正反两面的镜头和屏幕部分已经使用了玻璃，沿着这个思路，索尼认为，极致的简洁将是正反两面完全由玻璃构成。

DSC-RX100　数码相机（2012年）

P201

小而轻巧的机身却配备一块1英寸的图像传感器。高质量的铝制机身确保了最佳的坚固性和质感。主要控制键由金属制成，造型上强化棱角，这给用户带来一种十分可靠的感受。中央放置的、直径几乎与机身高度一致的镜头使相机能被稳定地抓握，并使控制环容易操作。同级别中前所未有的机身坚固感受和简洁的造型让此款相机大受欢迎。

DSC-RX1　数码相机（2012年）

P203

作为"小而美"的明证，这款相机在一个紧凑而质朴的镁合金机身中装进了35毫米全尺寸传感器和F2.0的大光圈镜头。为了实现令人满意的可操控性，顺滑而奢华的镜头简身与控制按键经过反复微调达到一个有通用性的布局。两侧微妙的圆角不仅是造型设计，在机能性上也使机身变得更易于抓握。

DSC-QX100 / Xperia Z1　数码相机/智能手机（2013年）

P205

"镜头相机"通过智能手机，为无线摄影增添了新的用户体验。即使是一个远距离的对象，光学变焦也能捕捉美丽的画面，这是单单一部智能手机无法做到的。这台数码相机以一个单反相机镜头为基础打造而成，机身直白地传达了产品概念：用一个高性能的镜头来增强智能手机的拍摄功能。附送的卡座对应一系列智能手机，为了更为便携，卡口可以向内折叠，使卡座收缩成一个紧凑的圆柱体和相机机身融为一体。同时相机也能和智能手机分开使用，可以让用户从普通相机或智能手机无法实现的角度来拍摄。

QUALIA 004　SXRD高清投影机（2003年）

P206

作为一个表现高性能的设计产品，开发者选择在外观最突出的位置设置冷却风扇的出风口口。这一结果令机身看上去更具存在感。通过将光源、镜头和屏幕设置在一条直线上，实现了最优化的布局，由此呈现的最终画质极具吸引力并且不存在变形问题。在铝制控制面板上，一个增加的缓冲器消除了部件移动的隐患。

QUALIA 010　立体声耳机（2004年）

P213

这款轻巧的半开放式耳机有着碳纤维的头带和镁合金铸造的结构。耳罩衬垫由真皮（红色或蓝色）制成。

SCPH-10000系列　PlayStation 2 游戏机（2000年）

P217

作为初代PlayStation的继任者，PS2具有前所未有的创新设计。开发者想象着未来计算机的形态，创造了一台兼具游戏机、计算机和娱乐系统功能的主机。亮黑色的外壳令人遐想无垠的太空，让人感受到无限的潜能。与之相对的，蓝色渐变色底座的设计灵感来源于地球。

PSP-1000系列　PlayStation 便携式游戏机（2004年）

P221

全新形态的便携式游戏机。不仅为用户提供基于3D图像的沉浸式游戏体验，而且在呈现影视和音乐方面的质量卓越。这款具有标志性且结构紧凑的产品，便携性是其至关重要的设计点，加之作为一台功能齐全的主机，使PSP深受消费者喜爱。曲线的机身造型很容易贴合不同玩家的手形。在前面板上经过精心布局的控制键让玩家将全部注意力集中在屏幕上。

SCPH-10010　DualShock 2 控制器（2000年）

P222

PlayStation 的名字让人立刻就想起有着突出把手易于使用的控制器。PlayStation是首个提供带把手控制器的系统，这让它十分容易抓握和操作，深受玩家的欢迎，也对其他控制器的设计产生了显著的影响。DualShock控制器的形状已经成为一个符号，代表着家用游戏主机。在经历了一代又一代PlayStation主机之后，控制器设计的基本形态非常罕见的在这么多年保持不变，所做的只是在保持这些特质的同时将设计提升到下一个层次。最明显的是自DualShock 3 开始成为了无线控制器。蓝牙技术让缆线变得不再需要，通过将电池变得更小更轻盈，控制器并没有变得更大或是更重，而是一如既往的好用。

SDR-4X II　娱乐机器人 / 左侧为油泥模型（2003年）

P225

"QRIO"是一款小型娱乐机器人。身高58厘米，以其优雅的运动机能和令人印象深刻的沟通技巧而备受瞩目。它身上实时集成的自适应运动控制系统能协调全身38个关节，从而产生自然的身体运动。同时，这款机器人还具有先进的语音处理功能，既能唱歌，又能运用整个身体来跳舞，还可以完成复杂的表情和手势。它配备一对CCD摄像头，能够自主导航以避开有障碍物的路径。

SEP-10BT　音乐娱乐播放器（2007年）

P227

"ROLLY"是一款新型音乐播放器，它率先提出一种享受音乐的新方式，即不仅通过声音，还要调动视觉和触觉一起享受音乐。它只有手掌大小、蛋形的机身上没有复杂的开关和布线，水平方向上相对而装的立体声扬声器，内置闪存和电池，避免了电线给用户带来的困扰。他们可以随身携带，去任何想去的地方随时随地享受音乐。机身上只有电源开关和播放按键。歌曲的选择和音量调节通过移动机身或是旋转机身来实现。

ERS-110　娱乐机器人（1999年）

P229

初代"爱宝"（AIBO）家用娱乐机器人。它的设计极富想象力，设计师对腿部、耳朵和尾巴等细节的处理也堪称极致，仿佛为小小的金属身体中注入了生命，让它像真的宠物狗一样可爱。腿部、颈部、尾巴和上颚分布的18种不同类型的关节，使爱宝成为一只相当富有表现力的机器宠物。不仅如此，它还能基于人工智能方面的研究来进行机器学习并使自己成长。通过与用户的反复交流，它能自主学习并在回应中表现出一系列的情绪。这款机器宠物的行为甚至表现得比真的宠物狗更加逼真，因而在发售时大为畅销。

ERS-7　娱乐机器人（2003年）

P231

2003年上市的自主机器人"爱宝"（AIBO）。它向世人展示出精湛的造型设计能力。开发者基于球形主题设计出圆滑的身躯，使它在可爱和酷炫之间达到了完美平衡。通过各种传感器的应用，这台爱宝实现了尖端的图像识别能力，并能表达出更多更复杂的情绪。它不但具有自主学习和成长的能力，而且装有静电传感器的LED，使它能对爱抚做出反应。它标志着"让机器人成为人类更好的陪伴者"方面取得了长足的进展。

PCG-505　笔记本电脑（1997年）

P235

初代VAIO笔记本电脑，美丽的机身由四块镁合金面板组成。金属银色和蓝紫色的外壳让它从传统的笔记本电脑中脱颖而出，由此索尼在这一品类中的市场份额不断扩大。上市之初，这款笔记本电脑是如此轻薄，用户愿意更频繁随身携带。圆柱形电池和其他周边设备的创新设计让人们对笔记本电脑的价值有了全新的理解。

VAIO TYPE P 个人电脑（2009年）

P237

这款个人电脑可以被用户轻松地拿在手中或放进口袋中，外形时尚、紧凑且功能齐全，用户可以随时随地使用。与寻常的把笔记本电脑简单迷你化不同，这款微型版VAIO TYPE P系列有着独特的造型，小巧的机身能够放在很窄的咖啡桌上。流畅的线条和圆滑的转角设计独具特色，使它能轻易滑入包里或口袋中，增强了便携性。光滑而扁平的表面没有一处螺丝孔或盖板，从任何角度看都有着美丽的外观。

PEG-NX70V 个人数字助理（2002年）

P239

一款配备10万像素CMOS摄像头的"CLIe"个人数字助理。通过仔细确认机身在各种运动下都不会出现任何突兀的接缝或凸起，开发者创造出了一个多用途而又简洁的设计。启动、警报和提示的音效背后蕴藏大胆而富原创性的考量，使这款产品在和用户沟通时就像有了生命和智慧一般。大尺寸的折叠屏幕为欣赏照片和视频带来更好的视觉体验，高分辨率的液晶显示屏可以配合各种用途而旋转。

SGPT113JP/S 平板电脑（2011年）

P241

索尼Tablet S是一款配备9.4英寸显示屏基于安卓系统的平板电脑。大屏幕在网页浏览和内容观看时带来更好的使用体验。"偏心设计"使机体重心偏向一边，当被握在手中的时候能制造一种轻盈和稳定的感受，有利于长时间使用中的舒适性。把它放在桌上时可以形成一个便于操作的微妙角度。设计者去除一切不必要的元素之后，一个简洁的屏幕促使用户完全关注在内容上。

VAIO FIT 13A 个人电脑（2013年）

P243

一款有多种显示模式的创新型便携电脑。除了可以作为传统意义上的笔记本电脑之外，它还可以向下翻折成平板电脑模式，或是倾斜地立起来成为观看模式，让用户可以完全专注于内容。一种多功能翻转铰链（Multi-Flip Hinge）技术在造型和易用性上都十分简单高效，这种铰链设计定义起了这款机型的产品形象，也为"触屏"时代的电脑制定了新标准。

VAIO PRO 13 个人电脑（2013年）

P247

这款碳纤维材质的笔记本电脑在发售时堪称世界上最轻的11寸和13寸触摸屏超级本。腕托在保持较低位置，即使长时间操作也不会感到特别疲劳。铰链和扬声器被巧妙地隐藏起来，形成一个没有视觉干扰的布局，让用户专注于他们手上的工作。在触摸操作过程中，铰链的特别构造还起到稳定机身的作用。这些细节设计为用户提供了一台强大、易用且舒适的工具。

VGX-TP1 个人电脑（2007年）

P249

通过一根HDMI缆线就能与电视连接，TP1开创了一种在客厅里即可享受影音的新模式。当它与电视连接后，仅通过电视遥控器就可以访问高清视频和其他储存在电脑中的内容，或是使用各种在线服务。控制按键和指示灯被巧妙地嵌在机身转角处，使它完美地融入到客厅装饰中，为追求360度全方位的简洁外观，连缆线接口也被隐藏起来。

SRS-BTV5 便携式无线扬声器（2012年）

P250

一款通过蓝牙连接播放音乐的无线扬声器。球形的造型是全向声音技术最贴切的表现。这是一个可以轻易握在手中，非常便携的小球。简洁、圆滑的形态和多种可选择的色彩，让这款音箱有着可与室内设计相搭配的调性。

A卡口系列镜头：SAL85F14Z & SAL135F18Z / SAL1635Z（2006年 /2009年）

P252

无论市场趋势如何变化，索尼始终追求纯粹和机能感的、基于拉伸铝制机身的镜头形态。接口处的朱砂色（Cinnabar）环和有着精密锯齿的操作环是定义卡尔蔡司A卡口系列镜头的特征。

ILCE-7 可更换镜头数码相机（2013年）

P254

一款无反光镜的微单相机，在紧凑的机身中配备了一块35毫米的全画幅CMOS传感器。它所提供的拍摄自由度是以往全画幅单反相机无法企及的。即使在使用大型镜头时，相机的操控和握把形态都能最大限度地保持机身的稳定。这款相机不仅支持E卡口镜头，还支持各种A卡口镜头，用途十分广泛。机身采用镁合金铸造结构，确保其坚固性和防尘、防水性能。

NEX-5　可更换镜头数码相机（2010年）

P255

在发售时，这款数码相机被誉为"世界上最小、最轻的可更换镜头相机"。它配备了与单反相机相同的图像传感器，一个延伸至机身下方的握把确保了可靠的抓握感。机身的设计被最小化，镜头尺寸却比机身大很多，视觉上只剩下镜筒和液晶显示屏，这成为这款相机的标识形象。镜头座的设计使它可以无缝地和镜头连接在一起，进一步强化了镜筒的圆柱体，也令机身看上去更轻薄。

NEX-7　可更换镜头数码相机（2012年）

P256

新一代无反光可更换镜头数码相机。它的设计如此简洁，以至于看上去无法想象其具有如此完整的机能。两个位于顶部的拨盘设计独特而低调，连同背面的拨轮一起在多功能的人机界面中实现了各种效果的三轴控制。用户能体验到前所未有的直觉操控和驾驭感。先进的人机界面将机身上的功能表示减到最低，强调了一个扁平而简洁的结构，成功改变了"先进的功能等于复杂的外观"这一相对一般相机的思维定势。

KDL-40HX　液晶电视机（2010年）

P259

大屏幕全高清液晶电视采用OptiContrast™抗反射技术面板和LED背光系统。作为"浑然天成"（Monolithic）系列更为绚丽的第三代产品，机身和配备扬声器的底座体现了索尼在追求细节处理和机能性上毫不妥协的态度。面板看上去仿佛悬浮在银色的铝制底座上，展现出惊人的美感与轻盈感。

SRS-X5　便携式无线扬声器（2014年）

P261

采用"明晰的轮廓"（Definitive Outline）设计理念的个人无线扬声器，这个轮廓围合在扬声器的四周，定义了声音产生的这块空间。这些线条为这款扬声器带来独特的外观，并将各个表面分割开来，每一面都有精心挑选的不同材质。

KD-65X9000B　液晶电视机（2014年）

P265

采用"楔形设计"的4K电视机。在节省占地面积的同时，巨大的扬声器体量大大提升了音质。线缆的连接因为有了端口复制器而大大简化。

Xperia Z1　智能手机（2013年）

P266

Xperia Z1沿用从Xperia Z引入的"全平衡"（OmniBalance）设计主题。这款手机的用途非常广泛，比如编辑短信、拍照片和观看视频等，因此无论怎么抓握都需要保持易用，而且从任何角度看都应保持设计美感。

Xperia Tablet Z　平板电脑（2013年）

P267

由于采用玻璃纤维加强过的塑料材质，Xperia Tablet Z在极度轻薄的同时又非常的坚固。尽管有着超薄的轮廓，它依然配备了800万像素摄像头、NFC模块以及红外接口。简化的造型语言有效地将用户的注意力聚焦在这款平板电脑独有的特征上，即无缝嵌入的全高清屏幕，高规格、相互映衬的材质使用以及精密的工程设计。

CUH-1000系列　PlayStation 4 游戏机（2013年）

P269

无论玩家想要把它放平还是竖着放在支架上，这款游戏机从任何一个角度看都堪称完美。